既有居住建筑节能改造百问

中华人民共和国住房和城乡建设部
建筑节能与科技司　组织编写

中国建筑工业出版社

图书在版编目（CIP）数据

既有居住建筑节能改造百问/中华人民共和国住房和城乡建
设部 建筑节能与科技司组织编写. —北京：中国建筑工业出
版社，2012.3
ISBN 978-7-112-14111-1

Ⅰ.①既… Ⅱ.①中… ②建… Ⅲ.①建筑热工-节能-技
术改造-问题解答 Ⅳ.①TU111.4-44

中国版本图书馆 CIP 数据核字（2012）第 039515 号

责任编辑：向建国　李　阳
责任设计：赵明霞
责任校对：张　颖　陈晶晶

既有居住建筑节能改造百问

中华人民共和国住房和城乡建设部
建 筑 节 能 与 科 技 司 组织编写
*
中国建筑工业出版社出版、发行（北京西郊百万庄）
各地新华书店、建筑书店经销
北京红光制版公司制版
化学工业出版社印刷厂印刷
*
开本：850×1168 毫米　1/32　印张：3½　字数：94 千字
2013 年 1 月第一版　2013 年 1 月第一次印刷
定价：**18.00** 元
ISBN 978-7-112-14111-1
（22151）

前　　言

建筑节能是国家节能减排工作的重要组成部分。既有建筑节能改造，特别是严寒和寒冷地区（也称北方采暖地区）既有居住建筑的节能改造，是当前和今后一段时期建筑节能工作的重要内容，对于节约能源、改善室内热环境、减少温室气体排放、促进住房城乡建设领域发展方式转变与经济社会可持续发展，具有十分重要的意义。

我国城镇既有居住建筑量大面广。据不完全统计，仅北方采暖地区城镇既有居住建筑就有大约 35 亿 m² 需要和值得节能改造。这些建筑已经建成使用 20～30 年，能耗高，居住舒适度差，许多建筑在采暖季室内温度不足 10℃，同时存在结露霉变、建筑物破损等现象，与我国全面建设小康社会的目标很不相应。

既有居住建筑节能改造通常是指我国严寒和寒冷地区未执行《民用建筑节能设计标准（采暖居住建筑部分)》并已投入使用的采暖居住建筑，通过对其外围护结构、供热采暖系统及其辅助设施进行供热计量与节能改造，使其达到现行建筑节能标准的活动（以下简称"节能改造"）。为了推动中国既有建筑节能改造，中德两国政府于 2005～2011 年合作实施了中德技术合作中国既有建筑节能改造项目，在北方采暖地区开展既有居住建筑节能改造示范工程、能力建设、产业合作、技术与政策研究等方面的合作。在唐山、北京、乌鲁木齐和太原对 28 栋约 10 万 m² 既有居住建筑实施了建筑节能与供热计量综合节能改造示范工程；在乌鲁木齐、唐山、天津和鹤壁市对约 3 万栋近 2 亿 m² 的既有居住建筑进行了基本情况调查，并制定了相应的建筑节能改造方案；为《建筑节能管理条例》、《既有居住建筑节能改造技术规程》和《建筑外保温防火技术标准》提供了咨询；对唐山、哈尔滨等 6

个城市的 10 个节能改造项目进行了评估并提出了改进建议；组织了 15 批近 200 名行业管理与技术人员赴欧洲考察培训，学习了解了欧洲的建筑节能政策、工作经验和新技术、新产品；在北方 15 个省、自治区、直辖市开展了既有居住建筑节能改造巡回宣讲活动。这些工作为推动我国开展大规模既有居住建筑节能改造进行了有益探索，积累了经验，提升了能力。

既有居住建筑节能改造涉及居民家庭、房屋产权单位、供热单位等多个主体，特别是在改造的实施过程中需要得到居民的理解、支持和配合，具有许多特殊性。为此，中德双方组织专家，在总结示范工程经验的基础上，结合国内开展既有居住建筑节能改造的实际，编写了《既有居住建筑节能改造指南》（以下简称《指南》）和《既有居住建筑节能改造百问》（以下简称《百问》）。《指南》从既有建筑节能改造基本情况调查、居民工作、节能改造设计、节能改造项目费用、节能改造施工、施工质量控制与验收等 7 个方面，阐述了综合节能改造前期准备工作的要点，介绍了居民工作的方式方法，提出了节能改造质量保证的措施建议。该指南已经由住房城乡建设部于 2012 年 3 月正式印发。《百问》共 13 部分 99 条，以问答形式，深入浅出地阐述了节能改造的方方面面，既有知识性介绍，也有问题排查，并能从中找到一些启示和答案。《指南》和《百问》相辅相成，可作为北方采暖地区既有居住建筑节能改造的工作手册，也可供夏热冬冷地区、夏热冬暖地区既有居住建筑节能改造以及既有公共建筑节能改造时参考。既适合政府主管部门管理、技术人员参考，也适合从事节能改造的设计施工建设单位查阅，同时也可以作为居民和学生的知识性读物和培训教材。

德国国际合作机构（GIZ）在《指南》和《百问》的编写过程中提供了技术咨询及资金支持，并参与内容编纂；北京、山西、吉林、唐山、乌鲁木齐和哈尔滨等地方建设行政主管部门对《指南》和《百问》提出了许多修改意见和建议，在此表示衷心感谢。

金鸿祥、徐智勇、仝贵婵、刘雪玲、鲍宇清、张福麟、何任飞、侯文俊、郝斌、辛坦、杨永起、刘月莉、戴冠军、王宇鹏、冯铁栓、郝向阳、田桂清、彭梦月、徐悦等同志参与了《指南》和《百问》的编写工作；徐智勇、金鸿祥、冯利芳和薛秀春进行了反复而细致的统稿；住房城乡建设部建筑节能与科技司韩爱兴副司长对《指南》和《百问》的编写、整理及出版给予了大力支持，并提出了很多建设性意见。在此对以上同志的辛苦工作表示衷心的感谢和崇高的敬意。

我国的既有居住建筑节能改造和供热计量正在走向规模化，许多认识还需要在实践中深化和完善，《指南》和《百问》难免存在疏漏之处，敬请读者不吝指正。

《既有居住建筑节能改造百问》编写组
北京，2012 年 8 月 1 日

目　　录

背景和意义

1. 为什么要开展建筑节能？ ………………………………… 1
2. 实现建筑节能主要有哪些途径？ ………………………… 2
3. 我国建筑节能取得哪些进展，存在哪些问题？ ………… 3
4. 为什么说既有居住建筑节能改造和供热计量
   具有重要意义？ ………………………………………… 4
5. 我国已颁布了哪些与既有居住建筑节能改造
   相关的法律、法规和政策？ …………………………… 5
6. 我国对既有居住建筑节能改造有哪些鼓励政策？ ……… 7
7. 既有居住建筑节能改造和供热计量的主要内容是什么？ … 9
8. 既有居住建筑节能改造有哪些特殊性？ ………………… 9
9. 哪些既有居住建筑应该优先进行节能改造？ …………… 10
10. 我国既有居住建筑改造取得哪些进展，
    存在哪些问题？ ………………………………………… 11

组织管理

11. 政府为什么要在既有居住建筑节能改造和
    供热计量中发挥主导作用？ …………………………… 13
12. 政府如何在节能改造中发挥主导作用？ ……………… 13
13. 节能改造涉及的单位、部门和利益相关方的
    责任是什么？ …………………………………………… 14
14. 节能改造有哪些主要工作步骤？ ……………………… 14

前期工作

15. 既有居住建筑节能改造和供热计量要做哪些前期工作？ ⋯ 16

16. 节能改造和供热计量规划应包括哪些主要内容？
    编制的原则是什么？ ⋯⋯⋯⋯⋯⋯⋯⋯⋯⋯⋯⋯⋯ 16

17. 如何开展既有居住建筑基本情况调查？ ⋯⋯⋯⋯⋯⋯ 17

18. 既有居住建筑节能改造和供热计量工程实施
    前要做哪些工作？ ⋯⋯⋯⋯⋯⋯⋯⋯⋯⋯⋯⋯⋯⋯ 17

19. 节能改造和供热计量工程前期工作应该特别
    注意哪些问题？ ⋯⋯⋯⋯⋯⋯⋯⋯⋯⋯⋯⋯⋯⋯⋯ 18

资金筹措

20. 节能改造和供热计量主要发生哪些费用？ ⋯⋯⋯⋯⋯ 20

21. 节能改造和供热计量有哪些资金筹措渠道和模式？ ⋯⋯ 20

22. 政府投入资金支持既有居住建筑节能改造和供热
    计量的意义是什么？ ⋯⋯⋯⋯⋯⋯⋯⋯⋯⋯⋯⋯⋯ 21

23. 中央财政对节能改造的奖励资金管理有哪些规定？ ⋯ 21

24. 居民和供热单位为什么要承担部分改造费用？ ⋯⋯⋯⋯ 23

居民工作

25. 居民为什么要参与既有居住建筑节能改造？ ⋯⋯⋯⋯ 25

26. 节能改造给住户带来哪些好处？ ⋯⋯⋯⋯⋯⋯⋯⋯⋯ 25

27. 如何提高居民参与既有居住建筑节能改造的积极性？ ⋯ 26

28. 如何开展居民工作？ ⋯⋯⋯⋯⋯⋯⋯⋯⋯⋯⋯⋯⋯ 26

29. 为什么要请居委会和居民代表参与居民工作？ ⋯⋯⋯ 28

30. 节能改造前需要做好哪些居民工作？ ⋯⋯⋯⋯⋯⋯⋯ 28

31. 如何与居民签订改造协议？协议的主要内容有哪些？ ⋯ 29

32. 节能改造过程中应做好哪些居民工作？ ⋯⋯⋯⋯⋯⋯ 29

33. 节能改造完成后应做好哪些居民工作？ ⋯⋯⋯⋯⋯⋯ 30

34. 居民工作中需要注意的几个主要问题？ ⋯⋯⋯⋯⋯⋯ 31

35. 居民如何参与和配合节能改造工作? ·················· 32

节能改造设计

36. 既有居住建筑节能改造和供热计量设计
    有哪些基本要求? ································ 33
37. 既有居住建筑节能改造设计有哪些主要内容? ······ 34
38. 建筑物安全评估和节能诊断一般包括哪些内容? ······ 35
39. 为什么强调围护结构和供热计量应该同步改造? ······· 36
40. 为什么提倡既有居住建筑节能改造与
    建筑物修缮相结合? ····························· 36

节能改造施工

41. 既有居住建筑节能改造施工有什么特点? ··········· 40
42. 既有居住建筑节能改造施工要注意些什么? ·········· 41

围护结构改造

(一) 墙体改造································ 42
43. 既有居住建筑外墙为什么要进行改造? ··········· 42
44. 为什么应优先采用外墙外保温技术? ············· 42
45. 既有建筑外墙节能改造采用什么外保温系统比较好? ··· 43
46. EPS 和 XPS 保温板的区别与适用范围是什么? ········· 43
47. 外墙基层表面怎么处理? ·························· 44
48. 外墙上的附墙管线及附着物如何处置? ··········· 45
49. 如何做好外墙外保温节点,解决好防水和热桥问题? ··· 45
50. 外墙勒脚与散水交接处的外保温怎么做比较合理? ··· 46
51. 封闭阳台的保温怎么处理? ························ 47
52. 外窗与外墙连接处的保温怎么处理? ············· 49
53. 外保温系统如何解决防火问题? ·················· 49
54. 我国的外墙外保温系统目前存在哪些典型
    工程质量问题? ·························· 52

55. 如何改进外墙外保温系统的质量？ ················· 54
56. 不采暖楼梯间内隔墙是否应该做保温？ ·········· 55
(二) 外门窗改造 ··· 56
57. 既有建筑外门窗为什么要进行改造？ ············· 56
58. 如何选用节能窗？ ·· 56
59. 什么是中空玻璃？ ·· 58
60. 为什么优先选用中空玻璃窗？ ·························· 60
61. 如何正确安装外窗？ ·· 61
62. 怎样正确选择和使用楼宇门？ ·························· 62
(三) 屋面改造 ··· 63
63. 既有居住建筑屋面为什么要进行节能改造？ ····· 63
64. 既有居住建筑屋面应如何进行节能改造？ ········ 63
65. 如何做好女儿墙和上人孔的保温防水改造？ ····· 64

供热与采暖系统改造

66. 我国北方地区供热与采暖系统存在哪些主要问题？ ······ 66
67. 供热与采暖系统节能改造的意义和目标是什么？ ········· 67
68. 供热与采暖系统节能改造主要包括哪些方面？ ··········· 67
69. 热源节能改造有哪些具体措施？ ······················· 68
70. 室外管网和热力入口的改造包括哪些方面？ ············· 70
71. 为什么要实现管网水力平衡？如何实现？ ··············· 70
72. 既有居住建筑室内采暖系统节能改造主要
    采取哪些措施？ ··· 72
73. 恒温控制阀的工作原理是什么？如何正确
    安装散热器恒温控制阀？ ···································· 74
74. 为什么要拆除暖气罩、更换散热器？ ··················· 76

供热计量与收费

75. 我国对供热计量改革有哪些政策规定和要求？ ··········· 77
76. 为什么要实行供热计量收费？ ·························· 78

77. 为什么要实行换热站、楼栋入口、住户三级热计量？ ··· 78
78. 分户供热计量的方法有哪些？ ·········· 79
79. 两部制热价是怎么回事？ ··········· 79
80. 如何进行分户热计量收费？ ········· 79

新风系统

81. 为什么要采用住宅新风系统？ ········· 82
82. 什么是住宅新风系统？ ··········· 83
83. 安装住宅新风系统需要具备哪些条件？ ····· 83
84. 住宅新风系统有哪些类型和特点？ ······· 84
85. 安装和使用住宅新风系统应注意哪些问题？ ·· 85

可再生能源

86. 哪些可再生能源在建筑中应用比较广泛？ ···· 88
87. 在节能改造中应用可再生能源应考虑哪些因素？ ··· 89
88. 如何确定可再生能源的常规能源替代量？ ···· 91

质量保证

89. 节能改造工程质量管理有哪些基本规定？ ···· 93
90. 如何加强节能改造施工质量过程控制？ ····· 93
91. 改造工程的监理要点有哪些？ ········· 94
92. 什么是材料进场验收，包括哪些工作？ ····· 95
93. 外墙改造工程的主要材料有哪些复验项目？ ·· 95
94. 什么是检验批，怎样进行检验批验收？ ····· 96
95. 各分项工程施工中有哪些隐蔽工程项目？ ···· 97
96. 节能改造工程应按怎样的程序进行质量验收？ ·· 98
97. 如何加强对施工和监理人员培训？ ······· 99
98. 节能改造施工现场应该做好哪些主要
    消防安全工作？ ·············· 100
99. 节能改造施工防火预案通常包括哪些内容？ ·· 101

背 景 和 意 义

1. 为什么要开展建筑节能?

建筑能耗通常指建筑使用能耗,包括采暖、空调、热水供应、炊事、照明、家用电器等方面的能耗。发达国家建筑能耗一般占全社会总能耗的 $40\%\sim50\%$ 左右,我国因地域和气候不同建筑能耗约占全社会总能耗的 30% 左右。而且随着经济社会的发展和人民生活水平的提高而快速增加。由于建筑用能关系国计民生,量大面广,因此节约建筑用能,提高能源利用效率是牵涉国家全局,影响深远的大事。

(1) 建筑节能是国民经济和社会实现可持续发展的需要。能源短缺是制约我国经济社会发展的瓶颈。我国民生领域是个用能大户,其中由于建筑围护结构保温性能差,建筑能耗高,而且随着城市化进程加快和人民生活水平不断提高而逐年增加。据有关统计,2000 年到 2010 年,我国建筑面积从 277 亿 m^2 增长到 453 亿 m^2,按照目前的建筑耗能量计算,2020 年城镇建筑能耗预计达到全社会能耗的 35% 以上,因此做好建筑节能可缓解我国能源紧缺矛盾,促进国民经济健康增长和社会可持续发展。

(2) 建筑节能有利于显著降低建筑能耗,降低城市污染,有利于改善大气环境,减缓全球气候变化。我国北方地区采暖以燃煤为主,一些城市大气污染物如总悬浮颗粒物、烟尘、二氧化硫和氮氧化物严重超标,危害人体健康。同时,产生的二氧化碳数量巨大,导致温室效应日益严重,地球气候变化加剧,极端灾害频发,危及人类生存。在应对全球气候变化行动中,我国提出了到 2020 年单位碳排放要比 2005 年降低 $40\%\sim45\%$ 的宏伟目标。建筑节能是实现目标的重要举措之一。因此,做好建筑节能将有助于减轻环境污染，为国家应对气候变化行动作出贡献。

（3）建筑节能有利于提高建筑保温隔热性能，改善居住舒适度。建筑节能可以通过采用节能技术和产品，大幅度提高居住环境质量，由于经济社会和历史的原因，我国建筑保温隔热性能差，特别是长江流域广大地区，冬冷夏热，妇女、儿童和老人长期忍受极不舒适的居住环境。

2. 实现建筑节能主要有哪些途径？

我国地域广阔，从北到南大致分为严寒和寒冷地区、夏热冬冷地区、夏热冬暖地区和温和地区五个气候带。针对不同气候条件，应采取不同的建筑节能措施。

对于夏热冬冷和夏热冬暖地区，建筑节能主要采取保温隔热、除湿、遮阳、自然通风以及应用可再生能源等技术途径。

对处于严寒和寒冷地区的 15 个省，采暖居住建筑实现建筑节能主要有以下途径：

（1）建筑物围护结构节能。建筑物围护结构通常是指与外界空气直接接触的外围护结构，包括：外墙、外窗、屋面、外门、阳台和非采暖楼梯间顶板等。以 4 个单元 6 层楼的砖混建筑为例，在北京地区，通过围护结构的传热损失约占全部热损失的 77%（其中：外墙为 25%，外窗为 24%，不采暖楼梯间隔墙为 11%，屋面为 9%，户门为 3%，其他为 5%）；通过门窗缝隙的空气渗透热损失约占 23%。因此，通过改善和提高围护结构各部分的保温隔热性能，可以有效减少传热损失和空气渗透热损失，使得供给建筑物的热能在建筑物内部得到有效利用，从而减少建筑物的采暖能耗。

（2）供热采暖系统节能。包括：热源、管网和住户三个部分。应提高锅炉运行效率，实现锅炉系统按热量需求自动调控；做好管道保温，提高管网输送效率，减少热能在转换或输送过程中的损失；应搞好水力平衡，实现上下远近住户的室内温度均匀；应采用合理的采暖方式，实现分户供热计量、分室温度调控，提高住户行为节能的积极性，使住户既是能源的消费者，又是能源的节约者。

（3）可再生能源在建筑中的利用。应根据各地条件，充分利用太阳能，推广被动房和产能房建设；推广利用各类热泵技术和利用生物质能替代一次能源。

3. 我国建筑节能取得哪些进展，存在哪些问题？

（1）建立和健全了建筑节能标准体系。1986年，以建设部发布《民用建筑节能设计标准（采暖居住建筑部分）》（JGJ 26—86）为标志，我国建筑节能开始起步。标准要求新建住宅在1980～1981年北方地区普通住宅采暖能耗基础上节能30%。1996年迈出第二步，在1986年标准的基础上，实行建筑节能50%。2000年以后部分省市率先迈出第三步，实行建筑节能65%。2010年，住房城乡建设部颁布了《严寒和寒冷地区居住建筑节能设计标准》，要求北方采暖地区的建筑节能普遍执行65%的标准。

住房城乡建设部还先后发布了《夏热冬冷地区居住建筑节能设计标准》（JGJ 134—2001）、《夏热冬暖地区居住建筑节能设计标准》（JGJ 75—2003）和《公共建筑节能设计标准》（GB 50189—2005）等，把建筑节能推向全国各气候分区的民用建筑领域。

住房城乡建设部颁布和实施的《建筑节能工程施工质量验收规范》也改变了我国长期缺乏建筑节能工程质量监管验收制度与手段的状况，标志着我国建筑节能工作从设计、施工到竣工验收都有法可依。

（2）不断完善建筑节能法规。我国2006年对《节约能源法》进行了修订，其中对建筑节能相关内容作了更详细明确的规定，强调了建筑节能的重要性。2007年颁布了《民用建筑节能条例》和《公共机构节能条例》，使推行建筑节能有了更加明确的法律保障。

（3）新建建筑节能强制性标准执行率不断提高。2005年年底，我国开始实行建筑节能大检查，全国城镇新建建筑设计阶段执行节能强制性标准的比例为57.5%，施工阶段执行节能强制性标准的比例为24.4%。随着新建建筑节能标准执行工作不断加强，到2010年年底，该比例分别上升到99.5%和95.4%。

（4）既有建筑改造全面推进。到2010年年底，北方15省市累计完成供热计量和节能改造面积1.82亿 m^2。20多年来，我国建筑节能从北方到南方，从居住建筑到公共建筑，从少数大中城市到全国各地，逐步取得了进展，为我国的节能减排作出了贡献。

（5）可再生能源建筑应用呈现快速发展的良好态势。截至2010年年底，财政部会同住房城乡建设部共实施了371个可再生能源建筑应用示范项目、210个太阳能光电建筑应用示范项目，确定了47个可再生能源建筑应用城市、98个示范县。山东、江苏、海南等省已经开始强制推广太阳能热水系统。全国太阳能光热应用面积14.8亿 m^2，浅层地能应用面积2.27亿 m^2。

我国建筑节能工作也存在不少问题。一是建筑节能工作推进的速度与城市建设快速发展不相适应。二是在建筑节能工作中，对供热计量重视不够，北方采暖地区建成的节能建筑大多数未解决供热计量问题，不能把节能真正落到实处。三是有些建筑节能工程的质量比较粗糙，影响节能效果和使用寿命，节能工程的设计、施工、监理等工作需进一步加强。

4. 为什么说既有居住建筑节能改造和供热计量具有重要意义？

我国北方采暖地区既有居住建筑数量巨大、能耗很高。这些建筑使用20~30年后，建筑物有不同程度的破损，室内居住舒适度很差，普遍存在结露霉变现象。着力开展既有居住建筑节能改造和供热计量，不仅有利于节约采暖能耗，减少污染物和温室气体排放，而且可以改善居住环境，有利于和谐社会的建设，具有第1条开展建筑节能的意义外，同时也可以有力地拉动内需，增加就业。

（1）节约能源。既有建筑节能改造和供热计量可以提高建筑物保温隔热的性能，减少维持室内热环境所需要的能量；通过对热源和热网的综合节能改造，可以从整体上减少能源消耗。根据几个节能改造示范工程的经验，保守计算节能改造可以每平方米节约 10kg 标准煤，如果对北方采暖地区具有改造价值的既有居住建筑开展综合节能改造，每年至少可以节约一亿吨标准煤。

（2）改善居住环境，提高居住舒适度。通过既有居住建筑节能改造，室内变得冬暖夏凉，许多霉变和渗水等问题迎刃而解。楼房内外修葺一新，大大改善了居住条件和生活环境，延长了建筑物寿命，提升了建筑物的价值。许多已实现节能改造的地区，老百姓都认为旧房节能改造是实现以人为本，构建和谐社会的民生工程、民心工程。

（3）减轻环境污染，改善空气质量，减少二氧化碳等温室气体排放，减缓气流变化影响。我国北方许多城市一到冬天就烟雾笼罩，终日不见阳光，居民出行要戴上口罩。其罪魁祸首就是冬季采暖燃煤造成的烟尘、二氧化硫和二氧化氮等污染物排放。开展建筑节能改造可以大量减少采暖用煤，减少近三亿吨二氧化碳和其他污染物排放，拨开乌云见蓝天。

（4）增加就业，拉动内需。据初步测算，对北方采暖地区大约 35 亿 m² 建筑物开展节能改造和供热计量，可以拉动内需近 2 万亿元人民币，创造近 500 万个就业岗位。

5. 我国已颁布了哪些与既有居住建筑节能改造相关的法律、法规和政策？

2007 年国务院《关于印发节能减排综合性工作方案的通知》（国发〔2007〕15 号）提出了"十一五"期间北方采暖地区既有居住建筑供热计量及节能改造 1.5 亿 m² 的工作任务，我国大规模的节能改造工作由此全面展开。

我国现行《节约能源法》中对既有建筑节能改造作了以下专

门规定：①建筑节能规划应当包括既有建筑节能改造计划；②既有建筑进行节能改造，应当按照规定安装用热计量装置、室内温度调控装置和供热系统调控装置，以实行供热分户计量、按照用热量收费的制度；③鼓励既有建筑节能改造中使用新型墙体材料等节能建筑材料和节能设备，安装和使用太阳能等可再生能源利用系统。

2008年10月1日起施行的《民用建筑节能条例》（中华人民共和国国务院令第530号）专有"既有建筑节能"一章，对既有建筑节能改造的组织实施和相关工作作出了详细的规定，摘录如下：

第二十四条 既有建筑节能改造应当根据当地经济、社会发展水平和地理气候条件等实际情况，有计划、分步骤地实施分类改造。

本条例所称既有建筑节能改造，是指对不符合民用建筑节能强制性标准的既有建筑的围护结构、供热系统、采暖制冷系统、照明设备和热水供应设施等实施节能改造的活动。

第二十五条 县级以上地方人民政府建设主管部门应当对本行政区域内既有建筑的建设年代、结构形式、用能系统、能源消耗指标、寿命周期等组织调查统计和分析，制定既有建筑节能改造计划，明确节能改造的目标、范围和要求，报本级人民政府批准后组织实施。

中央国家机关既有建筑的节能改造，由有关管理机关事务工作的机构制定节能改造计划，并组织实施。

第二十六条 国家机关办公建筑、政府投资和以政府投资为主的公共建筑的节能改造，应当制定节能改造方案，经充分论证，并按照国家有关规定办理相关审批手续方可进行。

各级人民政府及其有关部门、单位不得违反国家有关规定和标准，以节能改造的名义对前款规定的既有建筑进行扩建、改建。

第二十七条 居住建筑和本条例第二十六条规定以外的其他

公共建筑不符合民用建筑节能强制性标准的，在尊重建筑所有权人意愿的基础上，可以结合扩建、改建，逐步实施节能改造。

第二十八条　实施既有建筑节能改造，应当符合民用建筑节能强制性标准，优先采用遮阳、改善通风等低成本改造措施。

既有建筑围护结构的改造和供热系统的改造，应当同步进行。

第二十九条　对实行集中供热的建筑进行节能改造，应当安装供热系统调控装置和用热计量装置；对公共建筑进行节能改造，还应当安装室内温度调控装置和用电分项计量装置。

第三十条　国家机关办公建筑的节能改造费用，由县级以上人民政府纳入本级财政预算。

居住建筑和教育、科学、文化、卫生、体育等公益事业使用的公共建筑节能改造费用，由政府、建筑所有权人共同负担。

国家鼓励社会资金投资既有建筑节能改造。

为推进既有居住建筑节能改造工作，住房城乡建设部和相关部门先后发布了《北方采暖地区既有居住建筑供热计量改造实施意见》、《北方采暖地区既有居住建筑供热计量及节能改造技术导则》（2008 年 7 月）、《北方采暖地区既有居住建筑供热计量改造工程验收办法》（2008 年 11 月）、《供热计量技术规程》（2009 年 3 月）、《北方采暖地区既有居住建筑供热计量及节能改造奖励资金管理暂行办法》（财建［2007］957 号）、《关于进一步深入开展北方采暖地区既有居住建筑供热计量及节能改造工作的通知》（财建［2011］12 号）和《夏热冬冷地区既有居住建筑节能改造补助资金管理暂行办法》（财建［2012］148 号）。

6. 我国对既有居住建筑节能改造有哪些鼓励政策？

2007 年 2 月财政部和住房城乡建设部颁布了《北方采暖地区既有居住建筑供热计量及节能改造奖励资金管理暂行办法》（财建［2007］957 号），对建筑围护结构节能改造、室内供热系统计量及温度调控改造、热源及供热管网热平衡改造等给予奖励；奖励基准分为严寒地区和寒冷地区：严寒地区为 55 元/m^2，寒冷地区为 45 元/m^2；并根据改造内容、改造进度设定奖励系数。

2011 年，财政部和住房城乡建设部下发《关于进一步深入开展北方采暖地区既有居住建筑供热计量及节能改造工作的通知》（财建〔2011〕12 号），明确到 2020 年前基本完成北方具备改造价值的老旧住宅的供热计量及节能改造的工作目标；到"十二五"期末，要求各省（区、市）至少完成当地具备改造价值的老旧住宅的供热计量及节能改造面积的 35％以上，地级及以上城市达到节能 50％强制性标准的既有建筑基本完成供热计量改造。完成供热计量改造的项目必须同步实行按用热量分户计价收费；同时明确：中央财政奖励标准在"十二五"前 3 年将维持2010 年标准不变，2014 年后将视情况适度调减。中央启动了一批供热计量及节能改造重点市县，即"节能暖房"工程重点市县，优先安排节能改造任务及相应补助资金，对经考核如期完成改造目标的重点市县，给予专门财政资金奖励，用于推进热计量收费改革等相关建设性支出。

2012 年财政部和住房城乡建设部《夏热冬冷地区既有居住建筑节能改造补助资金管理暂行办法》（财建〔2012〕148 号），明确用于建筑外门窗节能改造的支出，建筑外遮阳系统节能改造的支出，建筑屋顶及外墙保温节能改造支出和财政部、住房城乡建设部批准的与夏热冬冷地区既有居住建筑节能改造相关的其他支出。地区补助基准按东部、中部、西部地区划分：东部地区15 元/m^2，中部地区 20 元/m^2，西部地区 25 元/m^2。

各地政府也大力支持节能改造工作，部分地区明确提出了地方财政资金与中央财政资金配套的方式。

根据《国务院办公厅转发发展改革委等部门关于加快推行合同能源管理促进节能服务产业发展意见的通知》（国办发〔2010〕25 号），2010 年 6 月 3 日，财政部、国家发改委以财建〔2010〕249 号印发《合同能源管理项目财政奖励资金管理暂行办法》。

中央财政安排资金，对合同能源管理项目给予适当奖励，此项政策也将推动能源服务公司对既有居住建筑节能改造和供热计量的投入力度。

7. 既有居住建筑节能改造和供热计量的主要内容是什么？

既有居住建筑节能改造和供热计量包括以下主要内容：

对建筑外围护结构如外墙、屋面、外窗等进行节能改造，提高建筑物热工性能。

对室内采暖系统进行节能改造，使改造后的采暖系统实现分室温控和分户计量，实现热计量收费。

对室外供热系统如热源、热力站和管网等进行节能改造，实现水力平衡、变频调节、气候补偿和优化运行管理等。

提倡对既有居住建筑开展综合节能改造，即既有建筑的节能改造与建筑物的修缮相结合，与整治小区环境相结合，与改善城市景观相结合。这样做，在实现节能减排的同时，还可以提高建筑物使用价值和寿命、美化小区环境、提升城市品位，产生事半功倍、一举多得的良好效果，有利于推进社会和谐与进步。

8. 既有居住建筑节能改造有哪些特殊性？

既有居住建筑节能改造不同于新建建筑的节能工作，在前期调查、方案设计、资金筹措、施工现场管理等工作中与居民打交道多、需协调部门多、不可预见的项目多，如果考虑不周，就会带来很多问题，其特殊性主要表现在以下几个方面：

（1）既有居住建筑经过长期居住使用后的情况发生了很大变化。建筑物存在不同程度的损伤，外墙有许多附着物，室内装修五花八门且存在大量散热器被遮盖的现象。许多建筑图纸资料缺失。所以，需要对建筑物进行基本情况调查和安全性能评估，并应深入现场和居民户内进行建筑物现状调查。根据调查结果制定科学合理的改造设计方案，"量身定做"节能改造工程设计。

（2）节能改造通常是在居民正常生活的情况下进行的，尤其是门窗、阳台、采暖系统的改造必须入户施工，难免会影响居民的生活和出行，还会改变原有的装修；同时，居民也需要承担部分改造费用。施工中需要采取措施保护居民的生命财产安全。所以，开展居民工作，争取居民的参与和配合是节能改造工作中的一项重要内容。

（3）既有建筑外立面上的空调外机、防盗护栏、电线、管道等附属设施，在围护节能改造施工前需要拆除，施工完成后需要恢复，不仅增加工作量，而且需要与供热、供电、供气、供水和电视通信等不同部门协调沟通后才能够拆移，甚至需要市政府出面协调才能顺利完成。

（4）既有居住建筑节能改造和供热计量的资金除了中央和地方提供的奖励资金外，主要由原产权单位和居民承担。同时，还需要拓展投融资渠道，引入社会资金和市场化运作模式，形成节能改造投融资长效机制。

9. 哪些既有居住建筑应该优先进行节能改造？

在均衡考虑节能减排和社会影响的条件下，应优先对以下建筑进行节能改造：

（1）抗震和结构安全性能较好，能够保证继续安全使用 20年以上，但围护结构热工性能很差，建筑能耗很高，节能改造后节能效果显著的建筑；

（2）纳入抗震加固改造规划的建筑；

（3）业主改造意愿强烈、积极配合的建筑。

一些地区侧重于对 2000 年以后竣工的建筑进行节能改造，如果仅从节能减排角度考虑，这样做无可非议。但是如果我们在节能减排的同时，注重考虑改善民生，注重和谐社会建设，那么那些已经使用了 20～30 年的老旧小区就应该优先进行节能改造。如果这些建筑放到后面改，贫富差距会越拉越大，建筑物破损会越来越严重，甚至危及建筑物的使用安全。

10. 我国既有居住建筑改造取得哪些进展，存在哪些问题？

从 1993 年开始，我国通过与英国、加拿大和法国等国家进行技术合作，开展既有居住建筑节能改造的试点示范工程，并于 2001 年编制了《既有采暖居住建筑节能改造技术规程》（JGJ 129—2000）。

2005 年，中国和德国开展技术合作，在北方采暖地区开展既有居住建筑节能改造示范工程、能力建设、产业合作、技术与政策研究等方面的合作。分别在唐山、北京、乌鲁木齐和太原市对 28 栋约 10 万 m^2 既有居住建筑实施了建筑节能与供热计量综合节能改造示范工程；在乌鲁木齐、唐山、天津和鹤壁市对约 3 万栋近 2 亿 m^2 的既有居住建筑进行了基本情况调查，并制定了相应的建筑节能改造方案；为《建筑节能管理条例》、《既有居住建筑节能改造技术规范》等有关标准提供了咨询；对唐山、哈尔滨等 6 个城市的 10 个节能改造项目进行了评估并提出了改进建议；组织了 15 批近 200 名行业管理与技术人员赴欧洲考察培训，学习了解了欧洲的建筑节能政策、工作经验和新技术、新产品；在北方 15 个省、自治区、直辖市开展了既有居住建筑节能改造巡回宣讲活动；编写出版了《既有居住建筑节能改造指南》。为推动既有建筑节能改造工作发挥了重要作用。

2007 年，我国把既有建筑节能改造工作提上了重要议事日程。国务院要求在"十一五"期间完成北方采暖地区 1.5 亿 m^2 既有居住建筑节能改造和供热计量。财政部和住房城乡建设部颁布了《北方采暖地区既有居住建筑供热计量及节能改造奖励资金管理暂行办法》（财建〔2007〕957 号），对建筑围护结构节能改造、室内供热系统计量及温度调控改造、热源及供热管网热平衡改造等给予奖励。在中央和地方的共同努力下，节能改造工作全面启动，到"十一五"末实际完成 1.82 亿 m^2，形成了 75 万 t 标准煤和约 200 万 t 二氧化碳的节能减排能力。

节能改造工作还存在一些主要问题：一些地方和部门对既有

建筑节能改造和供热计量的必要性和重要性的认识还不到位，改造规划和改造方案还不够科学合理，供热计量改造与建筑物围护节能改造不同步，改造工程的质量还有待提高，投融资长效机制尚未建立。对这些问题必须给予高度重视。

组　织　管　理

11. 政府为什么要在既有居住建筑节能改造和供热计量中发挥主导作用?

目前开展节能改造的既有居住建筑,大多是在 20 世纪 90 年代初出售给住户的房改房,有些小区没有物业管理,所以在开展节能改造时,需要由政府出面组织协调。

既有居住建筑墙面有许多管线和附着物,外墙保温施工时应该将这些管线移除,需要供热、供电、供气、供水和电视通信等部门的协调,而热力公司或建设部门的协调能力十分有限,需要政府出面。

既有居住建筑节能改造需要大量资金,在形成良性循环的市场机制的过程中,需要政府引导,培育市场。同时,政府应该组织各类媒体开展宣传和培训教育,组织示范项目,使得建筑节能改造和供热计量工作深入人心。

综上所述,政府在既有居住建筑节能改造和供热计量工作中需要发挥主导作用。

12. 政府如何在节能改造中发挥主导作用?

各地应成立地方政府主要领导挂帅、建设行政主管部门牵头、有关部门共同参与的"节能改造工作领导小组及其办公室"。领导小组负责审批本行政区域范围内既有居住建筑节能改造规划,把节能改造规划纳入当地经济社会发展总体规划,安排落实节能改造预算,决定节能改造工作中的重大事项。领导小组下设办公室,负责组织编制节能改造规划,监督管理节能改造的实施,协调相关职能部门及供热、供电、供气、供水和电视通信等主管部门配合节能改造工作，解决可能出现的问题。

13. 节能改造涉及的单位、部门和利益相关方的责任是什么？

建筑节能改造和供热计量涉及建筑物原产权单位或节能改造的组织实施单位，工程设计、施工和监理单位，业主，供热、供电、供气、供水和电视通信等市政设施和公共服务部门。他们除分别承担以下责任外，还需要互相配合和协调，才能保证节能改造和供热计量的顺利实施：

（1）原产权单位或节能改造组织实施单位应提供既有建筑基本情况资料，协助做好居民工作，承担部分改造资金。依照规定进行工程报批，做好组织引导和协调工作。

（2）工程设计、施工和监理单位应按照标准和设计要求，保证节能改造工程质量、安全和进度。

（3）业主应积极配合基本情况调查以及入户改造工作，参与改造方案的制定和关心施工质量，并承担部分改造费用。

（4）供热单位应积极参与节能改造，做好供热计量改造工作。

（5）供电、供气、供水和电视通信等单位应配合做好相关管线及设施的移位、恢复等工作。

14. 节能改造有哪些主要工作步骤？

既有居住建筑节能改造和供热计量包括以下主要工作步骤：

（1）对本地区既有居住建筑开展基本情况调查，编制并报批既有居住建筑节能改造规划；

（2）确定节能改造项目，落实资金；

（3）开展建筑物现状调查和居民入户调查，制定改造方案，编制工程设计施工图和项目预算，并与居民签署改造协议；

（4）居民工作（贯穿项目的全过程）；

（5）实施改造；

（6）项目验收，并指导使用维护。

既有居住建筑节能改造和供热计量涉及居民正常生活，施工局限性大，建议各地在确保施工安全和工程质量的前提下，尽可能简化报批和招标投标程序。

前 期 工 作

15. 既有居住建筑节能改造和供热计量要做哪些前期工作？

为了科学有序地组织开展节能改造和供热计量，需要认真做好以下四部分前期工作：

（1）通过既有建筑基本情况调查，全面掌握辖区内既有建筑的存量、类型和存在的典型问题，制定科学合理的节能改造规划。

（2）在确定改造项目后，需要对建筑物现状进行详细调查，并开展居民工作，与居民签订改造协议。

（3）需要通过政府协调供热、供电、供气、供水和电视通信等单位配合做好相关管线及设施的移位、恢复等工作。

（4）项目报批和落实改造费用。

16. 节能改造和供热计量规划应包括哪些主要内容？编制的原则是什么？

节能改造规划的主要内容包括：既有建筑及其能耗现状、指导思想、改造总体目标和任务、技术方案、年度计划、融资模式以及节能改造的经济社会效益分析、相应保障措施等。

编制节能改造规划应遵循以下原则：

（1）综合节能改造的原则：建筑物的围护结构节能改造需与室内采暖系统改造及供热计量改造同时进行，节能改造应与建筑物修缮、小区环境整治和改善城市景观相结合，建筑节能改造应与热源和热网改造同步实施，实现节能改造、分室温控分户计量改造和热源热网优化运行。

（2）成片改造的原则：以独立锅炉房或换热站为单位成片实施改造，通过供热计量和温度调节控制，使建筑节能效果真正反映到热源端，以取得最大的节能减排效果。

（3）科学引导、分步实施的原则：节能改造和供热计量应根据当地经济、社会发展水平和地理气候条件等实际情况，有计划、分步骤地实施分类改造。室内热环境差、节能减排潜力大的建筑应优先安排改造。应先开展示范性改造，优化改造方案、积累改造经验，逐步扩大改造规模。

（4）既有建筑节能改造时应考虑可再生能源的利用。

17. 如何开展既有居住建筑基本情况调查？

为了科学编制节能改造规划，应认真开展既有居住建筑基本情况调查。调查内容包括建筑物普查、典型建筑重点调查和数据分析。

普查：可以借助卫星地图，现场调查每一栋既有居住建筑，获得包括建筑物名称、地址、竣工日期、建筑面积、楼层数、结构形式、墙体材料和供热采暖方式等基本信息，同时对每栋建筑照相。通过建立数据库，统计既有居住建筑总量，并按行政区划、建设年代、结构形式、墙体材料、楼层数等进行分类。

典型建筑重点调查：从每一类建筑中选取最有代表性的3~5栋典型建筑开展重点调查。通过现场观测和测试，获得典型建筑物各主要部位的几何尺寸、主要窗户类型、围护结构状况、室内采暖系统状况等数据，详细了解建筑物典型损伤情况以及套内布局及建筑物周边状况，确定外围护结构各部位的传热系数。

数据分析：在典型建筑重点调查的基础上，针对不同类型建筑，制定相应的节能改造方案，测算节能减排潜力和改造费用，并推算出本地区既有居住建筑的节能减排总量和投资总需求，提出节能改造的指导性意见。

既有居住建筑数据库也可以为城市规划和数字城市建设所利用。

18. 既有居住建筑节能改造和供热计量工程实施前要做哪些工作？

在节能改造项目确定后，为了"量身定做"工程设计方案，准确编制工程预算，建设单位、设计单位和施工单位必须深入现场，对建筑物室内外状况及环境开展详细调查，同时也需要详细调查居民基本信息。

建筑物的详细调查主要包括：建筑物的结构安全分析，主要是阳台、屋顶楼板的荷重能力分析以及地基承受能力分析；对既有建筑物围护结构的热工性能、建筑能耗、室内环境质量等进行分析；建筑附着物调查，如墙面各类管线、居民自行搭建物、空调外机、窗户护栏和屋面太阳能热水器等；建筑物内部情况调查，如单元门、楼梯间、地下室等；居民家中装修情况，特别需要注意涉及改造的部分，如暖气罩、窗套、窗台板等，最好采取照相存档，供发生纠纷时备查。

居民基本信息详细调查包括：每户居民的家庭状况，包括人口数量、经济状况、年龄和身体状况，有严重心、脑血管疾病病人的家庭要做好预防措施，动员家人在施工期间转移安置病人，或者交代施工单位给予特别注意。居住在有 20～30 年楼龄建筑内的居民很多是社会弱势群体，他们有着强烈的改善居住环境的愿望，但是对于改造效果和费用负担心存疑虑。在入户调查时宣传节能改造的好处，让居民了解项目内容，做好思想准备。根据居民收入情况尤其是低保家庭情况，制定收费方案。

19. 节能改造和供热计量工程前期工作应该特别注意哪些问题？

节能改造工程前期工作应该特别注意现场踏勘和居民工作。

现场踏勘特别要注意建筑物外围护结构的附着物情况如各种线缆、空调和居民搭建的飘窗等情况。对于屋面结构应该特别注意原有炉渣保温层的含水率（必要时可以取样分析），以正确计算允许荷载，保证建筑物的安全。对户内调查应侧重检查暖气管线的磨蚀程度，对暖气罩、窗套等改造中需要拆除移位的物品做好影像档案，以帮助设计单位制定周密的改造方案和工程预算，同时也防止以后可能发生的纠纷。

在居民工作中应特别注意方式方法，应充满爱心，深入细致，不能强行改造，也不能绕过居民户内改造，只做外围护结构的节能改造。要特别注意发挥居委会和居民代表的作用。可以预制样窗、提供散热器样品，在有条件的地方先做一个样板间，供居民参观和评价。也可以组织居民代表参观已经完成改造的项目，亲身体会改造效果。这样做不仅可以量身定制改造方案，而且可以建立一种亲和力，获得居民的支持和配合。居民在了解改造效果后，也就愿意出资参与改造，并主动担当义务宣传员和质量监督员。

资 金 筹 措

20. 节能改造和供热计量主要发生哪些费用？

既有建筑节能改造和供热计量主要会发生以下费用：

（1）工程费用：设计费、招标费、监理费、建安工程费（外墙外保温工程、屋面保温工程、地下室保温工程、门窗改造工程、室内采暖系统改造工程、室外供热管网改造工程。建安工程费中还可能包括防护栏拆装费、空调拆装费、太阳能热水器拆装费、外墙附着管线的挪移费等其他费用）。

（2）财务费用：贷款利息。

（3）居民工作费：节能宣传、入户调查。

（4）不可预见费和必要的能效测评费。

根据中德既有居住建筑节能改造三个示范项目工程的实践经验，既有居住节能改造以及部分加固和修缮的费用（不包括热源外网）在 $300 \sim 350$ 元/m^2（2006 年价格水平）。

21. 节能改造和供热计量有哪些资金筹措渠道和模式？

节能改造资金筹措主要有以下几个渠道：

（1）中央奖励资金：中央政府用于支持节能改造的资金。

（2）地方配套资金：地方政府用于支持节能改造的资金，可以按照中央奖励资金进行配套。

（3）原产权单位改造资金：企事业单位对职工住宅进行节能改造所投入的资金。

（4）业主出资：居民自身对住宅进行节能改造所投入的资金（目前出资比例在 20% 左右，应该逐步增加到 50% 以上）。

（5）供热企业出资：供热公司对供热计量和供热系统水力平

衡、循环泵变频调节、管网改造等投入的资金。

除了以上五种资金筹措渠道，还可以开发以下新的融资渠道：

（1）金融机构贷款：金融机构向节能改造项目提供的政策性贷款。

（2）市场融资：通过拆改结合的模式向市场筹集的节能改造资金。

（3）能源服务机构出资：能源服务机构参与节能改造项目所投入的改造资金。

（4）碳交易市场融资：节能改造项目参加碳交易的收益。

22. 政府投入资金支持既有居住建筑节能改造和供热计量的意义是什么？

政府投入资金支持既有居住建筑节能改造和供热计量具有十分重要的意义。

我国要实现到 2020 年单位 GDP 二氧化碳排放强度减少 $40\% \sim 45\%$ 的目标，建设资源节约型和环境友好型的社会，必须全社会有效开展节能减排工作。我国现存的大量既有居住建筑节能减排潜力巨大。政府投入资金支持既有居住建筑节能改造和供热计量有利于完成全社会的节能减排任务。

既有居住建筑节能改造的投资回收期长，目前还不能完全依靠市场机制筹措改造资金，因此需要政府通过奖励资金培育节能改造和供热计量市场。

23. 中央财政对节能改造的奖励资金管理有哪些规定？

2007 年印发的《北方采暖地区既有居住建筑供热计量及节能改造奖励资金管理暂行办法》（财建〔2007〕957 号）和《关于印发〈北方采暖地区既有居住建筑供热计量及节能改造项目验收办法〉的通知》（建科〔2009〕261 号）中不仅提出了奖励资金的发放原则和要求，也同时明确发布了具体的奖励资金计算公式，使改造资金的下发有理有据、有章可循。

相关内容摘录如下：

《北方采暖地区既有居住建筑供热计量及节能改造奖励资金管理暂行办法》（财建〔2007〕957号）：

第六条 奖励资金采用因素法进行分配，即综合考虑有关省（自治区、直辖市、计划单列市）所在气候区、改造工作量、节能效果和实施进度等多种因素以及相应的权重。

第七条 专项资金分配计算公式：

某地区应分配专项资金额＝所在气候区奖励基准×〔Σ（该地区单项改造内容面积×对应的单项改造权重）×70％＋该地区所实施的改造面积×节能效果系数×30％〕×进度系数。其中：气候区奖励基准分为严寒地区和寒冷地区两类：严寒地区为55元/m²，寒冷地区为45元/m²。单项改造内容指建筑围护结构节能改造、室内供热系统计量及温度调控改造、热源及供热管网热平衡改造三项，对应的权重系数分别为60％、30％、10％。

节能效果系数根据实施改造后的节能量确定。

第九条 在启动阶段，财政部会同住房城乡建设部根据各地的改造任务量，按照6元/m²的标准，将部分奖励资金预拨到省级财政部门，用于对当地热计量装置的安装补助。财政部会同住房城乡建设部根据各地每年实际完成的工作量和节能效果核拨奖励资金，并在改造任务完成后，对当地奖励资金进行清算。

第十条 省级财政部门在收到奖励资金后，会同建设部门及时将资金落实到具体项目，并将具体项目清单报财政部、住房城乡建设部备案。

《关于印发〈北方采暖地区既有居住建筑供热计量及节能改造项目验收办法〉的通知》（建科〔2009〕261号）：

第八条 项目实施单位完成改造任务后，组织自检，确定达到验收条件后，向项目所在地市（区）级建设、财政主管部门提交验收申请报告……

第九条 市（区）级建设、财政主管部门收到验收申请报告后，组织能效测评机构及有关专家，共同组成验收工作组，对改造项目进行验收……

第十条 验收合格的项目，市（区）级建设、财政主管部门应将项目验收有关资料报送省级建设、财政主管部门审查。省级建设、财政主管部门组织对项目进行抽样复验，原则上承担改造任务的市（区）应全部抽验，抽验的项目原则上不得少于每个市（区）改造项目的 30%。

第十一条 省级建设、财政主管部门对本地区通过验收的项目进行汇总，填写《既有居住建筑供热计量及节能改造验收合格项目备案表》，上报住房城乡建设部、财政部。

第十二条 住房城乡建设部会同财政部组织国家级能效测评机构对各地项目按一定比例进行抽检，对项目的验收情况进行审核。

2012 年，财政部和住房城乡建设部发布了《夏热冬冷地区既有居住建筑节能改造补助资金管理暂行办法》（财建〔2012〕148 号），明确补助资金可用于建筑外门窗节能改造支出、建筑外遮阳系统节能改造支出、建筑屋顶及外墙保温节能改造支出以及财政部、住房城乡建设部批准的与夏热冬冷地区既有居住建筑节能改造相关的其他支出。地区补助基准按东部、中部、西部地区划分：东部地区 15 元/m^2，中部地区 20 元/m^2，西部地区 25 元/m^2。单项改造内容指建筑外门窗改造、建筑外遮阳节能改造、建筑屋顶及外墙保温节能改造三项，对应的权重系数分别为 30%、40%、30%。

24. 居民和供热单位为什么要承担部分改造费用？

节能改造涉及的建筑物产权大多归居民所有，居民是节能改造的最大受益者。节能改造不仅可以提高居住舒适性、减少采暖和空调费用支出，而且可以延长建筑物寿命和提升建筑物的价值，所以居民承担部分改造费用是合情合理的。目前居民主要承担外窗和室内采暖系统的部分改造费用，在开展大规模节能改造时，需要制定更加合理的费用分担政策，建议把居民出资部分逐步提高到50％以上。这样做不仅可以保证节能改造的可持续性，而且居民成为节能改造的主体后会更加关注改造方案的合理性和施工质量，保证持久的节能改造效果。

供热单位应该是节能改造和供热计量的一个重要主体。节能改造的实践表明，每平方米改造至少可以节约10kg标准煤。也就是说，经过节能改造，不仅提高了建筑的室内温度，保证了居住的舒适性，而且也减少了供热单位的燃料消耗量，从而增加了收益；同时，在不增加锅炉容量的条件下，可以节约供热负荷，为新建建筑提供供热服务。根据唐山的经验，每改造 $2m^2$ 既有居住建筑省出的供热负荷可以供应 $1m^2$ 新建建筑的采暖需要，可以明显缓解城市供热压力。而对于供热企业来说，因为省去了锅炉的投资、维修费用，供热成本也可以明显减少。因此，供热单位也是节能改造的主要受益者，应该承担部分节能改造费用。

居 民 工 作

25. 居民为什么要参与既有居住建筑节能改造？

　　居民参与既有居住建筑节能改造非常重要，因为节能改造需要居民配合，特别是门窗和室内采暖系统的改造必须入户施工，而且节能改造还需要居民投入资金，没有居民的理解和支持，既有建筑的节能改造是无法实现的。因此，在节能改造中，必须切实做好居民工作，使他们对节能改造的认识从"要我改"变成"我要改"，积极配合节能改造，并协助解决工程实施中与之相关的各种问题。

　　居民参与节能改造，还可以培养居民的节能意识，在日常生活和工作中养成节能习惯，与此同时还能够通过对参观者的现身说法和媒体的宣传使这些居民成为建筑节能和节能改造的宣传队和播种机。

26. 节能改造给住户带来哪些好处？

　　节能改造后，建筑物外墙、屋面和门窗的热工性能和密封性得到改善，冬暖夏凉，既节省了采暖费和空调费，又明显改善了居住舒适度，屋内的结露发霉现象也会消失。

　　采用内平开节能门窗，建筑物密封性能大幅度提高，减少了噪声和烟尘污染，不仅有利于居民身体健康，而且可以减少家庭清扫工作的时间和强度。

　　采用新风系统，可以有组织地供应新风，改善室内空气质量，保证居民身体健康。

　　散热器安装自动温控阀，可以根据需要调节室内温度，提高居住舒适度，节省采暖费支出。

节能改造后的建筑物焕然一新，小区环境得到明显改善，房屋的价值同时得到显著提升。

27. 如何提高居民参与既有居住建筑节能改造的积极性？

提高居民参与既有居住建筑节能改造的积极性有许多途径。首先应该开展宣传动员，使居民真正了解节能改造的意义，使他们认识到节能改造不但可以节能减排，而且可以为他们自己带来舒适的居住环境和减少热费支出。

在有条件的情况下，应该组织居民参观节能改造示范项目，使他们能够亲身体会节能改造的效果，也可以组织一些节能产品展示，并邀请居民参与改造方案的讨论，发挥他们的主人翁精神。

28. 如何开展居民工作？

居民工作一般由项目组织实施单位（建设单位）负责。具体做法是：

成立居民工作组，工作组人员应具备必要的居民工作经验，有较高的工作热情和沟通协调能力；

制定工作计划，对改造过程中可能遇到的各种问题，提前做好各项预案；

图1　宣传动员大会

图 2　向居民介绍节能改造方案

图 3　现场展示节能窗

图 4　与居民代表沟通

充分发挥居委会和居民代表的作用，通过他们加强与居民的联系和沟通，保证节能改造各项工作的顺利进行；

及时处理居民的各种投诉，对居民提出的各种意见和建议，做到认真记录、及时回复，对合理的建议应虚心采纳，对不合理的要求也要耐心解释，增大工作透明度。

29. 为什么要请居委会和居民代表参与居民工作？

居委会和居民代表参与居民工作可以帮助项目组织实施单位更好地做居民工作，保证节能改造项目的顺利实施。居委会和居民代表与小区居民长期生活在一起，对小区比较熟悉，对居民情况比较了解，在居民中有一定的威信和影响，可以协助项目单位解决改造过程中涉及居民利益的一些具体问题；居民代表与居民有着同样的切身利益，发挥他们的积极性可以起到更好的带动作用；居委会和居民代表可以代表广大居民参与节能改造中重大事项的决策，收集居民对改造方案、收费方案以及施工安排等的建议和意见，起到联系和协调作用。

30. 节能改造前需要做好哪些居民工作？

节能改造前需要做好调查、宣传、签署改造协议这三个方面的居民工作。

入户调查本身是一种十分有效的居民工作方法。除了收集了解涉及改造的必要信息，还可以利用座谈聊天的方式了解居民改造意愿，解惑答疑。在调查后，应及时进行数据汇总和分析，对可能影响施工的情况列出清单并提出预案。

制定有针对性的宣传方案，如印发宣传材料，设置布告栏，召开居民动员大会和改造方案讨论会，也可以组织居民代表参观节能改造项目。

在征求居委会和居民代表意见的基础上，确定改造收费标准，与居民签署改造协议。

31. 如何与居民签订改造协议？协议的主要内容有哪些？

签订改造协议的工作流程是：先根据改造方案、融资模式以及居民的实际情况拟定协议内容，向居民征求意见，形成最终协议文本；然后根据收费标准，计算每户应缴费用，将明细填入协议书，最后由授权工作人员入户与居民签署改造协议。签署协议的居民必须是具有完全民事行为能力的房屋户主，也可以由户主委托直系亲属或授权代理人签署协议。在签署改造协议的同时向居民收取改造费用，并提供收费凭证。

协议主要包括如下内容：

（1）节能改造项目和内容，包括门窗、外墙、屋面、供暖系统等；

（2）收费项目和收费标准；

（3）工期和施工时间；

（4）建设单位和居民的权利、义务；

（5）违章建筑和外墙附着物拆除项目；

（6）其他事项。

32. 节能改造过程中应做好哪些居民工作？

节能改造过程中主要应做好施工协调和安全防护工作，及时处理突发事件，防止各类问题和矛盾扩大化。

施工单位应科学组织施工。室内施工如采暖系统改造、新风系统安装、门窗更换等尽可能安排在一起，争取一次入户完成所有施工，尽量减少对居民生活的影响。

张贴告示，提醒居民做好施工过程中的消防、人身和财产安全措施。

张贴施工进度告示，在每个分项工程施工开始的前一周，应张贴告示；对于需要居民配合的施工内容，应提前三至五天由专人发放通知到居民，告知改造内容和入户施工时间；入户施工前一日，还应向居民进行确认。

由于施工过程中存在各种不确定因素，还要处理好与居民产生的问题和矛盾。在入户施工期间应安排专人驻守现场，及时处理纠纷和突发事件，安抚居民情绪，防止矛盾激化。对于居民的诉求，应充分了解原因，针对不同情况区别对待。如果是因为施工人员未按约定时间入户施工，应解释原因并及时调整施工计划；如属于施工扰民问题，则要坚决执行预定的施工作业时间，在居民正常学习和休息时间杜绝打孔、剔凿、搅拌等强噪声的作业；属于施工本身问题，则要按相关标准与居民共同把关，确属质量问题的坚决改正，但有时居民对施工有自己特殊要求或为寻求更多经济补偿的，则应耐心解释，不能随便答应，以免引起不必要的纠纷。一时解决不了的，可以将有关情况带回，请居委会或居民代表一起上门，详细解释相关政策和改造协议中的规定，取得他们的理解和支持。

入户施工、装修恢复等直接涉及每一户居民的利益，对于居民的要求要一视同仁，不能搞差别对待，前后政策要一致，对于个别住户的非分要求，必须坚持原则。

33. 节能改造完成后应做好哪些居民工作？

节能改造完成后，着重做好以下居民工作：

节能改造中采用的温控阀、热计量装置、新风系统和外保温等设施，对于居民来说都是新鲜事物，应该对居民进行培训指导并发放使用手册，使他们学会正确使用、维护和保养节能设施。比如：应该告诉住户，散热器、温控阀、热计量装置等需要有一个开畅的空间，才能正常工作，不能将它们遮盖或包裹；应让居民了解温控阀的工作原理，正确使用温控阀调节室内温度，而不要长时间开窗放热；要正确使用新风系统，合理调节风量，保证室内空气清新；要告诉居民，不要用硬物撞击外墙保温，不要在上面停靠自行车等物品；用保温材料制作的窗台板不允许踩踏，否则会造成安全事故，也会损坏外保温系统；外墙安装空调和防盗护栏时，要封堵好洞口，防止水渗入到保温层与墙体之间，进而破坏整个外保温系统；在屋面吊装物品时要防止绳索勒坏檐口保温；在安装太阳能热水器时，应在热水器的支架下面垫放大面积硬质底板，保证每个支架底板面积在 $1m^2$ 以上。

34. 居民工作中需要注意的几个主要问题？

除了前面介绍的居民工作外，还需要注意以下几个方面的问题：

在实际节能改造项目中，很难实现 100％ 的居民参与。一般情况下，大多数居民会积极支持并希望尽快改造，这些居民是最直接的依靠对象，也会最早签署改造协议；有些居民对节能改造有一定了解但对承担费用等问题还存有疑虑，这些居民应该是宣传工作的重点对象，通过因势利导、耐心宣传，可以使他们真正了解节能改造对社会对自身的好处，打消疑虑并签署改造协议；少数居民因各种原因甚至是某些历史遗留问题，对节能改造持否定态度，这种情况的居民需要查清原因，区别对待。有些居民可能会提出一些与节能改造关系不大的要求，我们要抱着积极的态度认真对待，能解决的解决，不能解决的及时回复并协助居民向相关部门反映，这样大多数居民会表示理解并最终签署协议；有极个别居民可能会找理由拒绝签署协议，对于这种情况可以慢慢做工作，不能强求，他们大多会在改造过程中看到效果后回心转意。

居民费用的缴纳问题。作为节能改造的最大受益者，居民要承担相应的改造费用。为此，需要制定合理的费用分摊政策，向居民详细解释缴费的原因和比例，做到公开透明，使居民可以根据政策计算出自己的应缴金额。最好在协议签署的同时收取费用，避免个别居民以各种理由拖延甚至不交，造成新的问题。

在节能改造完成后仍要保持沟通渠道的畅通，在发给居民的使用手册中应该留下联系方式，方便居民咨询和联系维修，保证节能设施的正常使用。项目组织实施单位应建立回访制度，了解居民对于节能改造效果的反应，及时处理使用者产生的各类问题，这样做也有利于积累经验，改进工作。

应该说，既有建筑节能改造中的居民工作是一项系统工程，每个项目都有其自身的特点，面对的是各个行业各种层次的人，遇到的问题也会千差万别。每一个做居民工作的人应该有清醒的认识，应该利用科学的方式，用爱心、耐心和细心来帮助居民解决问题、化解矛盾，保证节能改造工程的顺利实施。

35. 居民如何参与和配合节能改造工作？

居民是既有建筑节能改造的直接受益者，改造的效果直接影响到居民的生活质量和经济利益。所以，每一个居民应该以主人翁的态度，积极支持和投身到节能改造这项伟大的事业。具体来说，希望居民能够参与配合以下几个方面的工作：

积极了解节能改造的相关政策和对住户带来的各种好处，配合工作人员向周围邻居做好宣传和解释工作。

对于节能改造过程中不明白的地方主动与调查人员进行沟通，家里如有高考子女或施工可能加重病情的病人，要及时告知调查人员，并设法妥善安置，度过两三个月的施工期。

结合日常生活需要，对改造方案提出建设性的建议，如窗户和暖气片的选择，空调机的安装位置等。但同时也要服从大局，配合设计和施工。

签署改造协议，足额交纳改造费用。签署改造协议可以保障居民的权益，也能保证改造工程的顺利实施；有困难的居民可以申请分期交款；低保居民可以申请减免。

节能改造开始前，居民应将楼道中堆放的杂物清理干净；家中贵重物品要妥善保管好；改造中如有入户施工时，要确保家中留人，以免造成窝工延误工期。

养成良好的节能习惯，增强节能意识，正确使用节能器具，合理通风换气，保证真正达到节能效果。

节能改造设计

36. 既有居住建筑节能改造和供热计量设计有哪些基本要求？

既有居住建筑节能改造和供热计量设计应满足以下基本要求：

对围护结构进行节能改造时，应对原建筑结构进行复核、验算。当阳台等局部结构安全不能满足节能改造要求时，应采取结构加固措施。屋面荷载不能满足节能改造要求时，应采取安全卸载措施。

供热计量改造应与建筑围护结构节能改造同步实施，实现分室温度调控，分户供热计量。

节能改造后，围护结构各部位的传热系数应满足当地建筑节能设计标准限值。当围护结构某部位传热系数难以达到设计标准的限值时，应提高其他部位保温性能，确保围护结构平均传热系数满足当地标准的要求。

除某些需要保护的历史文物建筑外，既有建筑节能改造应优先选择采用外墙外保温做法。

外墙外保温系统设计应按照公安部、住房城乡建设部关于民用建筑外保温系统防火的有关规定，采取相应的防火构造措施，确保防火安全。

楼宇单元入口应采用有保温、带亮窗的自闭式单元门，并宜加设门斗。

节能改造措施不应变动主体结构，不应破坏户内的防水，以免影响安全性。

合理安排太阳能热水器和管线的安装位置。

设计方案还应考虑尽量减少对居民生活的干扰，最大程度地减小对居民室内装修的破坏。

在既有建筑节能改造中涉及保温、防水、采暖、供热计量和通风等多项专业技术，在制定设计方案时应合理集成，实现最佳的综合节能效果。

37. 既有居住建筑节能改造设计有哪些主要内容？

既有居住建筑节能改造设计的主要内容包括：

围护结构节能改造。包括外墙、屋面、不采暖地下室顶板、阳台（栏板、顶板及底板）等围护结构各部分的保温，以及外窗和楼宇门的更换。通过这些改造，提高外围护结构的保温性能，在减少采暖能耗的同时，满足居住舒适性的要求。屋面改造和更换阳台窗可能会增加荷载，需要进行安全性验算，必要时采取相应的加固措施。

室内采暖系统和供热计量改造。根据工程实际情况，将原有系统改造为垂直单管加跨越管、垂直双管、水平单管分环或水平双管分环等采暖方式，安装热计量表或热分配表，实现分室温控、分户计量；更换原有散热器时一定要拆除暖气罩；对公共区域的采暖管道进行保温，必要时更换采暖管道。

热网和热源节能改造。供热管网的保温或更换，提高管网供热效率、减小热损失并提高安全性；优化调节水力平衡，改善终端用户得热不均问题；安装气候补偿和变频调节装置，更好地根据室外温度调节供热量；更换换热站和锅炉房中能效低下的落后设备，提高锅炉房产热效率。

安装新风系统。改造后的建筑物气密性显著提高，实现有组织的新风供应，不仅能够减少通风热损失，而且能够保证居民的身体健康。安装有组织的新风系统，可以实现节能、防尘和减少噪声的综合效果。

利用可再生能源。充分利用太阳能制备热水并利用光电板为楼梯间提供照明。

条件许可时，还可以考虑更换陈旧电线、给水排水水管、卫浴设备，修缮破损部位，对建筑物进行加固，改善小区环境等。这些措施若能与建筑物围护结构及供热采暖系统节能改造同时开展，不仅可以提高建筑物使用功能，延长建筑物使用寿命，还可以使居民更好地从节能改造中受益，也有利于居民更好地接受节能改造。

38. 建筑物安全评估和节能诊断一般包括哪些内容？

既有居住建筑安全评估和节能诊断是制订节能改造设计方案的基础。安全评估应侧重检查承重墙体是否存在长期渗水引起的朽蚀；阳台是否有爆筋和混凝土脱落，应分析原来的开放式阳台用保温玻璃封闭时是否存在安全问题；屋面要做配重荷载试验，尤其是有的屋面由于没有隔汽层，长期使用后炉渣层含水率很高，如果在上面制作保温层是否存在安全问题；对于内浇外挂的壁板建筑，应该检查壁板挂钩是否锈蚀，是否还有相应的承载能力。

节能诊断主要是根据围护结构的构造和现状，计算散热损失和通风热损失，评价建筑物的采暖能耗。同时，需要采访边三角、底层和顶层住户了解冬季室内温度情况，是否存在和哪些部位存在结露霉变。对于许多已经找不到设计图纸和计算书的建筑物，可能需要委托专业检测机构，选择典型建筑进行检测，计算出改造前的采暖能耗，以便与节能改造后建筑物的采暖能耗进行比较。建议开展既有居住建筑基本情况调查，确定改造前典型建筑的采暖能耗基准线。

39. 为什么强调围护结构和供热计量应该同步改造？

对既有居住建筑围护结构进行节能改造，可以从总体上改善建筑物保温性能，减少散热损失和空气换气热损失，改造后的建筑物室内温度显著提高。但是如果只进行建筑物节能改造，而不进行供热计量改造，不实行分室温控、分户计量收费，居民就没有节能的积极性，居室温度过高时仍会开窗降温，不能从根本上达到节能减排的目的。只有实行计量收费，才能真正把采暖能耗降下来。唐山河北一号示范项目，经过节能改造，室内温度从原来的 15℃ 提高到了 23℃，采暖能耗从 110 kWh/(m²·a) 降到了 68 kWh/(m²·a)。第二年试行热计量收费，居民将信将疑，有的居民利用温控阀将室内温度调到了 20℃ 左右，结果采暖能耗降到了 59kWh/(m²·a)，有将近三分之一的家庭得到了退费。居民尝到了甜头，第三年大家都注意调节，楼门也注意保持关闭，结果采暖能耗进一步降低到 49kWh/(m²·a)。这个例子充分说明围护结构节能改造必须和供热计量改造同步进行。

反过来，如果仅仅进行供热计量改造，而不进行建筑物的节能改造，计量改造是没有效果的。因为如果采暖季室内温度只有 15℃，居民抱怨，有的还要用电暖器、电热毯，计量了也没有用。有些顶层住户管道多，很热，可是散热器没有温控阀，只好开窗散热，对于这些住户热计量也没有用。所以，首先应该把建筑物散热的窟窿堵住，把热留在室内，然后配合温控阀和热计量，效果就出来了，采暖能耗省了，居民家里暖和舒服了，钱也省了，居民乐了，热力公司也受益了。

如果在建筑物节能改造和供热计量的基础上，对热源和供热管网同步改造，实现气候补偿、水力平衡、变频调节，减少热网的跑冒滴漏，那么建筑物的节能会直接反映到热源端，节能减排的潜力就会被充分地挖掘出来。

40. 为什么提倡既有居住建筑节能改造与建筑物修缮相结合？

进行节能改造的既有居住建筑大多已经使用 20～30 年，建筑物存在缺损和功能缺失。一些地方仅着眼于节能减排，仅对透明围护结构部分进行改造，或者仅进行外墙的保温，结果是建筑物热工性能虽然有所改善，但是居民的居住条件和环境没有明显得到改观。而如果能够将节能改造和建筑物的修缮和功能提升相结合，与小区环境整治相结合，就会起到事半功倍的效果，并能将民心工程真正落到实处。"综合节能改造"有以下好处：

在节能改造过程中，对建筑物破损部位的修缮、楼梯间粉刷和对电力线路、给水排水管升级换代，可以一次扰民解决多项任务，减少公摊成本，提高项目的整体经济性。

节能改造的同时，粉刷楼梯间、整治小区环境，使建筑物和住宅小区焕然一新，不仅可以提高居民对节能改造的接受度和热情，也可以缩小老旧小区与周边高档新小区的反差，有利于和谐社会的建设。

节能改造时，统一安排太阳能热水器、安装太阳能楼道灯，可以防止居民二次安装太阳能热水器时损伤屋面和外墙保温，减少对常规能源的消耗，对提高居民节能意识、引领未来节能改造方向都有积极的作用。

图 5　改造前的居民楼

图 6　改造后的居民楼

图 7　改造前没有单元门

图 8　改造后采用了自闭式保温单元门

图 9　改造前的卫生间

图 10　改造后的卫生间

图 11　焕然一新的外窗和散热器

图 12　居民对改造效果十分满意

节 能 改 造 施 工

41. 既有居住建筑节能改造施工有什么特点？

与新建建筑相比，既有建筑节能改造施工有以下特点：

施工环境比较复杂。节能改造时，施工噪声、扬尘会影响居民的正常生活；更换门窗和脚手架会带来安全和失窃的隐患；施工围挡会在夏季影响通风，尤其是空调拆除后，居民度夏非常困难，有时会由于一点小事，情绪激动，与施工队伍产生矛盾。

施工作业比较复杂。对既有建筑进行节能改造，尽管事先已经进行建筑物的摸底调查，量身定制施工方案，仍然会遇到许多预计不到的问题，需要与居民、监理和设计单位及时沟通，调整施工方案。例如：进行屋面翻新打开原有防水层后，炉渣层里的积水有可能渗入顶层住户家中，造成墙皮脱落、财产受损；户内采暖系统改造时，有些管道被杂物挡住，无法施工；更换窗户时，有些装饰窗框和大理石窗台会受损或产生缝隙。遇到这类情况需要征得居民配合和理解，施工队伍一定要文明施工，有一颗平和的心。

施工组织比较复杂。既有居住建筑节能改造工程施工期短，施工进度会受到许多因素的影响，例如：居民不按约定家中留人造成误工，天气影响屋面和外保温施工，门窗更换和卫生间作业必须在当天完成。曾经有一个工程需要在卫生间内重新做防水和更换暖气，造成住户几天不能使用卫生间，结果在院子里大闹天宫。所以，一定要有周密的施工计划和预案，遇到特殊情况及时处理，保证进度，减少经济损失。

42. 既有居住建筑节能改造施工要注意些什么？

由于上述特点，为了减少对居民生活的干扰和影响，节能改造施工应自始至终贯彻"安全、快速"的方针，充分利用春秋最佳季节，精心组织、精心施工，迅速圆满地完成改造任务。

加强施工准备。要认真审阅节能改造工程设计文件，认真进行现场勘察，详细了解现场情况，编制切实可行的"施工组织设计"和"专项施工方案"。应明确划分生活区和作业区，采取有效隔离措施，做好安全防护，保证居民及施工人员安全。应根据施工内容和现场情况，选用轻便、适用的施工机械、机具。应安排好材料（包括拆卸材料）的保管、堆放、运输和处理，尽量减少对小区道路和绿地的破坏，减少对居民生活的干扰，特别要加强消防管理，对可燃有机保温材料的存放和使用要采取可靠的防火措施。

加强施工组织。为了提高入户施工的效率，应事先做好入户调查，进行外窗、采暖系统等改造部位实测，做好操作工人的技术培训，组织训练有素的小分队，尽量减少入户次数和缩短入户作业时间。以外窗为例，先是入户实测外窗尺寸，交付工厂加工成型，然后小分队入户拆卸旧窗、安装新窗，并完成窗口四周的封闭，做到窗墙结合严密、不透风、不漏水，所有拆装工序应该在一天内完成。

加强居民工作。必须加强居民工作，自始至终做好与居民的沟通，获得居民的理解与配合，这是节能改造能否顺利进行的关键。在改造前，要开展宣传工作，组织参观活动，使居民认识节能改造的重要性和带来的好处；在制定改造方案和收费项目及标准时，既要充分听取居民的意见，又要向居民耐心进行解释，为与居民逐户签订改造协议打下良好的基础；在改造施工阶段，要将施工计划安排和改造项目进度广而告之，入户施工要做好充分准备并提前预约，以取得居民的支持、配合和监督；施工完成后，还应对居民进行培训指导，使他们学会正确使用节能设备和设施。

围 护 结 构 改 造

（一）墙 体 改 造

43. 既有居住建筑外墙为什么要进行改造？

北方地区既有居住建筑的外墙大多是 490mm 和 370mm 实心黏土砖或 240mm 多孔黏土砖砌体，通过外墙的传热损失约占建筑物全部热损失的 25％以上。外墙保温隔热性能差，造成夏季室内温度偏高，冬天室内温度偏低，内墙面发生结露霉变，对采暖能耗和居住舒适性影响很大。

我国北方采暖地区建筑节能设计标准对外墙传热系数作出了明确规定。以北京为例，50％节能标准要求外墙传热系数为 $0.8 W/(m^2 \cdot K)$，相当于 770mm 的实心砖墙和 490mm 的多孔砖墙；65％节能标准要求外墙传热系数为 $0.4 \sim 0.6 W/(m^2 \cdot K)$，相当于 1030mm 的实心砖墙和 650mm 的多孔砖墙；再考虑构造柱、圈梁等热桥部位的影响，上述厚度还应增加。因此，必须根据当地的建筑节能设计标准和既有建筑外墙的实际情况进行设计计算，在原有外墙表面粘贴保温层，使改造后的外墙满足建筑节能设计标准。

44. 为什么应优先采用外墙外保温技术？

国内外理论研究与工程实践证明外墙外保温具有以下优势：

节能效果好。外保温可实现保温层完全覆盖外墙围护结构，使保温层无断开现象，避免产生热桥，提高了外墙的整体保温隔热效果。采用同样厚度的保温材料时，外保温比内保温减少热损失约 1/5，能有效降低冬天采暖能耗和夏天空调能耗。

改善室内热环境。外保温墙体不仅防冷，而且防热，由于蓄热能力较大的结构层在保温层内侧，当室内气温上升或下降时，结构层能够吸收或释放热量，有利于室温保持稳定，形成"冬暖夏凉"的良好环境，提高居住和工作的舒适度。

有效保护结构外墙。外保温使结构外墙内外温度变化趋于平缓，大大减少了温差应力对墙体的影响；同时，避免了雨、雪、冻、融、干、湿的反复作用对墙体的危害，以及有害气体和紫外线对墙体的侵蚀；外保温能有效保护墙体内部结构，提高建筑物的使用寿命。

综合效益较好。虽然外保温比内保温的造价要高一些，但不会影响室内使用面积。若以单位使用面积来计算，造价可能还有所降低。内保温做法使室内墙面难以吊挂物件，也给室内精装修或二次装修带来一定困难，而外保温做法则不会出现这些问题。

45. 既有建筑外墙节能改造采用什么外保温系统比较好?

我国市场上大致有 5 类外保温系统：①薄抹灰外墙外保温系统；②现场喷涂硬泡聚氨酯外保温系统；③胶粉聚苯颗粒保温浆料外保温系统；④胶粉聚苯颗粒保温浆料贴砌聚苯板外保温系统；⑤保温装饰板外保温系统。

评价外墙外保温系统有 6 个指标：经济性、保温性能、可施工性、环保性能、防火性能和耐久性。综合考虑上述 6 项指标，对于北方采暖地区既有建筑节能改造工程应该优先选用模塑聚苯板薄抹灰外墙外保温系统。在欧洲，尤其在德国，模塑聚苯板薄抹灰外墙外保温系统占市场份额的 85% 以上，我国目前的情况大致相当。出于防火的考虑，岩棉保温板和制作防火隔离带的岩棉条市场份额会逐步增加。

46. EPS 和 XPS 保温板的区别与适用范围是什么?

聚苯乙烯泡沫塑料板按生产工艺的不同而分为模塑聚苯板

（EPS 板）和挤塑聚苯板（XPS 板）。EPS 板是由可发性聚苯乙烯珠粒经加热预发泡后，在模具中加热成型而制得的具有闭孔结构的聚苯乙烯泡沫塑料板材；XPS 板是以聚苯乙烯树脂或其共聚物为主要成分，加入少量添加剂，通过加热挤塑成型而制得的具有闭孔结构的硬质泡沫塑料板材。

EPS 板的"柔性"及其他性能较适用于外墙外保温。粘贴 EPS 板薄抹灰外保温系统最早由德国研究成功，已有 50 多年应用历史，至今已成为技术最为成熟，在国内外应用最为广泛的外保温技术。

XPS 板尽管导热系数和吸水率方面较 EPS 板有优势，但由于其强度高、弹性模量大，尺寸稳定性和粘结性能不如 EPS 板；而且 XPS 板价格远高于 EPS 板，所以国内外常将它用于勒脚和屋面保温。国内一些工程经验表明，XPS 薄抹灰外墙外保温系统容易产生空鼓、开裂、脱落。有些地区还明文禁止在外墙保温上使用 XPS 板。

47. 外墙基层表面怎么处理？

节能改造工程施工前，应对外墙基层进行检验和处理。墙体基层经过处理后表面应清洁、干燥、有承载力，应作现场拉拔试验检验基层的粘结强度。

基层处理方法　　　　　　　　　　　　　　　　　　　表 1

基层类别	基层墙体的缺陷	处理措施
干粘石、水刷石基层；面砖、清水墙基层；水泥砂浆涂料基层；清水墙、水刷石、干粘石后做涂料基层	潮湿	查找原因、阻断潮源
	有粉尘或污迹	清扫、喷枪清洗
	表层起鼓、开裂	剔凿、砂浆找平
	涂料层起皮	清除、清洗
	有霉斑或青苔	清扫、喷枪清洗
	有油斑	洗涤剂、喷枪清洗
	表面过于光滑	凿毛
	抹灰层风化、起砂	界面剂处理
	表面平整度大于 1cm/2m	水泥砂浆找平
	表面吸水性过强	界面剂处理

原装饰面层与外墙基层若粘结不牢固,尤其是空鼓、开裂的面层应彻底清除,并用水泥砂浆抹平。

对普通涂料、喷涂、面砖等装饰做法,需进行现场拉拔试验,当粘结强度不小于 0.3MPa 时,经过适当处理后可以保留;若不满足,应提请设计单位核算,采取增加粘结面积或增加锚栓等措施。

外墙基层表面的粉尘、油污等应清洗干净;并应采用专用界面剂进行处理,以确保保温材料粘贴牢固。

48. 外墙上的附墙管线及附着物如何处置?

既有建筑外墙上有供热、供电、供气、供水和电视通信等管线,以及防护栏、空调架等附着物,妨碍外保温的施工作业,必须提前做好处理。

附墙管线应尽可能从地下引入楼内,不要附着在墙面。遇有特殊情况必须保留的,应加上金属或塑料套管分别固定在外墙基层上。直径 10mm 以下的管线直接铺在保温板之下,直径不小于 1cm 的管线应在保温板上开槽嵌固敷设。管道穿过外保温系统时应设置套管,套管长度应挑出外保温面层 10~20mm,安装时外侧向下倾斜,安装应牢固,不得松动。保温层与套管结合部位应用柔性材料作密封处理。

附墙管线的处理应由产权单位负责实施。

防护栏、空调架等附着物拆卸后,可交予房主自行保管,待外保温施工完成后,由施工单位统一安装。

49. 如何做好外墙外保温节点,解决好防水和热桥问题?

我国《外墙外保温工程技术规程》JGJ 144—2004 指出:"外墙外保温工程应做好密封和防水构造设计,确保水不会渗入保温层及基层,重要部位应有详图。水平或倾斜的出挑部位以及延伸至地面以下的部位应作防水处理。在外墙外保温系统上安装的设备或管道应固定于基层上,并应做密封和防水设计","外保温系统应包覆门窗框外侧洞口、女儿墙、封闭阳台以及出挑构件等热桥部位"。

外墙出挑构件、附墙部件（如：阳台、雨罩、附墙柱、女儿墙、外墙装饰线等）及其他热桥部位，应按照设计要求采取隔断热桥和保温措施，其内表面温度不应低于室内空气露点温度。

外墙变形缝部位可采用低密度 EPS 保温板作保温材料，变形缝盖板应根据缝宽、缝口构造、适应变形的要求等因素制作，其保温和防水的构造做法应符合设计要求。

外保温系统与其他建筑构件或材料（门窗框、窗台板等）的接缝处必须用密封材料作防水、防裂处理；外保温与外窗的结合部位应有可靠的保温及防水构造；檐口、窗台板、外墙突出的构件及线脚均应考虑排水坡度及滴水处理，避免雨水沿墙面流淌，污染墙面。

不同材料基体交接处、容易碰撞的阳角及门窗洞口转角处等特殊部位的保温层应采取增强抗裂、防渗的加强措施。

为保护建筑物首层免受撞击破坏和增加防水功能，首层外保温应采用双层网格布加强做法。还可采取粘贴陶瓷砖、石材等面层做法。建筑物阴阳角部位应用系统供应商提供的专用护角配件加强，或采用加强网格布包角铺设，阳角部位包角不得小于200mm，阴角部位包角不得小于 100mm，附加的网格布必须在普通网格布之前埋设，且只能对接，严禁搭接。

50. 外墙勒脚与散水交接处的外保温怎么做比较合理？

新建建筑的外墙外保温系统应与外墙一起延伸至基础，地下部分还要做好防水处理。对于既有建筑，建议将保温做到冻土层以下，并做好纵向和横向防水，防止冻胀损坏保温层。有些既有建筑基础埋深较浅，如果砸开散水做保温，可能会引发基础和结构的安全问题，需要慎重。

对于带不采暖地下室的建筑，除应对地下室顶板保温外，建议沿外墙内侧向下至少粘贴 600mm 的保温板。在外侧，可在散

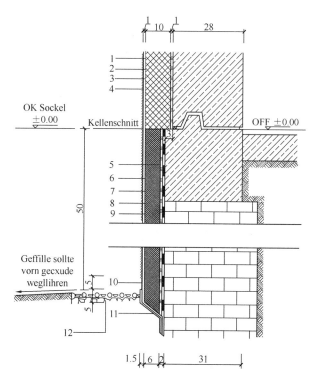

图 13 勒脚保温做到散水以下，墙体和保温板底部做
防水防止毛细管虹吸

水以上 100mm 开始做保温。建议采用金属托架，托架以上
300mm 部位最好采用防水性能较好的挤塑聚苯板做保温，并用
双层网格布反包加以保护。这样做能够可靠防水和防潮，延长
寿命。

外墙勒脚部位的雨落管出水口应加做弯头，将雨水向外导
出，避免溅湿、侵蚀外保温系统根部。

51. 封闭阳台的保温怎么处理？

作为外围护结构的一部分，应对封闭阳台的顶板、底板、栏
板做完好的保温。既有居住建筑的许多阳台在最初设计时仅作为

图 14　不采暖地下室的勒脚从散
水以上 100mm 开始做保温并采
用铝合金底部托架

晾晒衣物的开放式阳台，后来居民自行用单玻窗进行了封闭。有
些住户甚至把阳台作为住房的一部分放置了冰箱、洗衣机等重
物。所以，在对阳台进行节能改造时一定要对其承载能力进行复
核，计算更换中空双玻窗和粘贴保温板以后阳台是否存在安全
隐患。

　　有些地方害怕对阳台进行节能改造可能产生的不安全因素，
避开阳台保温，造成节能改造不彻底。有些地方对阳台进行了加
固，一般是拆掉阳台栏板，对挑梁和墙体之间植筋加固，然后再
安装轻质阳台护栏。也有一些地方从地面打立柱，用工字钢支撑
阳台底板。这种做法可能会改变阳台受力方向，需要慎重。

　　阳台顶板、底板和栏板应采用与外墙相同的保温做法，节点
处理要细致，防止渗水和热桥。曾经有一个项目因为阳台保温处

理不好，通风不足，冬季在阳台四角结起了厚厚的冰块。阳台窗的改造要注意采光，有的地方为了控制窗墙比，把南向阳台封堵，严重影响居民利用太阳能晾晒的权利，引起居民强烈不满，也影响了节能改造的效果。

52. 外窗与外墙连接处的保温怎么处理？

国内常规做法是将窗户在窗洞口居中安装，如果此时再使用外开窗，则外侧洞口根本就没有粘贴保温板的空间，即使勉强粘贴，也只有1～2cm板厚，结果许多项目出现了窗洞口热桥霉变的问题，在做了保温的建筑上尤为明显。

为了解决这个问题，德国建筑师提出了外窗与外墙立面平齐安装的做法，甚至将外窗固定在外墙外面，外墙保温可以粘贴覆盖到窗框型材上，起到了很好的阻断热桥的作用。保温板与窗框之间用膨胀密封条止水。窗框用把脚固定在洞口内侧，防止打撇墙皮。

采用这种安装方式既省工又省料。但是对于安装方法有一定的要求。由于以前的砖砌外墙平整度较差，窗框与外墙平齐安装会产生很大缝隙，难以封堵。因此，一定要用两米靠尺对角把在外墙，窗框紧贴靠尺固定，这样就可以缩小缝隙，使膨胀密封条产生作用。在北京的一个项目上推行这种安装方法时，门窗厂开始有疑虑，害怕渗水。经过几年使用，证明效果良好。设计人员非常兴奋，解决了长期困扰他们的窗洞口热桥问题。

目前许多项目采用挤塑板模拟窗台，存在安全隐患，而且容易损坏。国内有些项目采用底部有保温的金属窗台板，效果很好。建议采用两头有伸缩活接的窗台板，解决窗台长度不规矩的问题。

53. 外保温系统如何解决防火问题？

目前，国内发生的一些外保温工程的火灾，基本上是由于施工期间交叉作业、管理粗放和不规范施工造成的。所以，必须加强施工现场管理，正确堆放保温材料，禁止保温施工期间明火作业，及时在保温层上覆盖饰面砂浆，以有效消除施工现场火灾隐患。

公安部与住房和城乡建设部发布的《民用建筑外保温系统及外墙装饰防火暂行规定》（公通字［2009］46号）、国务院发布的《国务院关于加强和改进消防工作的意见》（国发［2011］46号）以及住房和城乡建设部发布的《关于贯彻落实国务院关于加强和改进消防工作的意见的通知》（建科［2012］16号），对于建筑外保温防火提出了明确的要求，只要各地认真执行，防火问题是可以得到有效控制的。

欧洲国家在外墙外保温防火方面有许多经验可以借鉴。国外对外保温体系有严格的认证和市场准入制度。对于人员密集的场所如学校、大型会议中心、医院和高层建筑，明确规定必须采用不燃保温材料。对于多层居住建筑，在采用可燃保温材料时，为防止发生火灾时由于外墙保温引起的火灾蔓延，应该特别注意采取窗洞口挡火梁和防火隔离带等构造措施，并按照保温体系要求认真施工。防火隔离带必须采用岩棉条这样的不燃保温材料，并进行满粘。

在使用过程中，如有安装空调、新风或排烟口需要在保温层打洞时，必须对洞口进行防火处理并做好封堵。

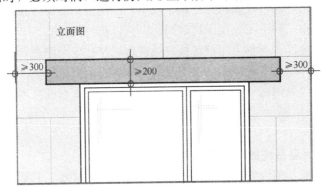

图 15　窗洞口挡火梁示意图

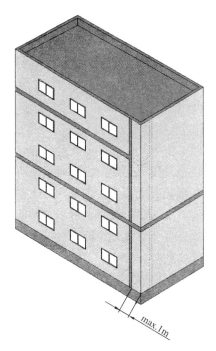

图 16　建筑防火隔离带示意图

图 17　按照挡火梁要求裁剪岩棉条

图 18　用专用锚栓固定岩棉挡火梁

目前，一些地区和企业借助防火问题，推出了许多新奇的保温材料和措施，其中许多产品没有经过科学认证和实践考验，希望各地能够根据外保温的六个性能指标，从经济性、保温性能、可施工性能、环保性能、防火性能和耐久性的角度进行综合分析，保证外保温的长效性和可持续性。

54. 我国的外墙外保温系统目前存在哪些典型工程质量问题？

　　建筑物外墙外保温在中国已有超过 20 年的工程实践，对各类保温系统都有尝试。膨胀聚苯板（EPS 板）薄抹灰外墙外保温系统是 50 多年前由欧洲开发使用，在 20 世纪 90 年代逐渐引入中国。实践表明，由于其保温性能、经济性、施工方便等综合性能良好，得到大量使用。但是，由于我国没有建立严格的外墙外保温体系认证和市场准入制度，施工人员大多没有经过系统培训，施工管理粗放，外保温系统存在以下主要的质量问题：

　　（1）保温系统细部节点处理粗糙、封堵不严，产生穿透性开裂，引起渗水、冻胀；

　　（2）保温系统采用劣质粘结砂浆和网格布，基面处理不当，粘结面积不够，造成外保温大面积从墙体脱落；

　　（3）保温系统勒脚部位构造措施不当，引起长期阴湿朽烂；

　　（4）保温系统使用非热断桥锚栓，产生大量热桥；

　　（5）保温系统锚栓锈蚀，顶穿饰面层；

　　（6）保温系统外贴瓷砖，引起饰面大面积脱落。

　　这些问题直接影响了外墙外保温系统的使用和装饰效果，降低了保温系统的寿命，严重的甚至危及人居环境的安全。

图 19　这样的保温不仅存在大量热桥，而且很容易开裂

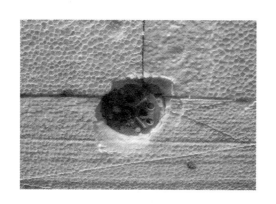

图 20　砸坏的锚栓和苯板

图 21　锚栓锈蚀顶破饰面层并存在穿透性开裂

图 22　节点处渗水造成冻融顶破外保温

55. 如何改进外墙外保温系统的质量？

我们应该从以下几个方面着手，解决外墙外保温系统的质量问题。

（1）选择能够提供品质优良、性能稳定、系统完整的外墙外保温体系供应商。外墙外保温系统是一个由多种材料组成的复合系统，任何一种材料都是系统的重要组成部分，每种材料之间的相容性也关乎着整个系统的质量。因此，在选择外保温系统产品时，要着眼于系统各种组成材料的性能，材料之间的兼容性和匹配性，更要关注系统本身的整体性能。所以，外保温系统的材料应当由一家可靠的系统供应商配套供应，要建立和完善体系认证、体系供应商资质认证和关键产品质量监督和市场准入制度。

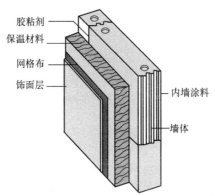

图23　薄抹灰外墙外保温构造做法

（2）提供完善、周密的系统节点处理方案。外墙外保温系统的很多质量问题，比如：开裂、渗漏、热桥等，都是从系统的最薄弱环节即"细部节点"（外保温和门窗洞口的交接处、女儿墙位置、空调洞口位置、分割槽的设置等）开始的。在国外，一般由体系供应商提供全套的节点处理图谱和施工方案，设计院按照具体工程进行嫁接。我国也有施工图谱，但是许多节点处理过于粗糙。设计院必须对建筑物进行实地考察，量身定做设计方案，让施工方有据可依，减少随意性。

（3）研究开发节点处理技术和配件。凡是参观过国外外保温体系供应商展厅的，都会对他们门类齐全的节点处理方案和产品感叹不已。这里再一次反映出工业化程度问题。我国急需建立和完善体系供应商制度，要下大力气组织开发如阴阳包角、滴水线条、膨胀密封条、定型窗台板、断桥锚栓、空调支架热断桥型材、伸缩缝处理型材等节点处理新产品、新材料，以及各种小巧灵便的现场施工器材。

（4）加强施工技术培训和质量监督管理。"三分材料，七分施工"，外墙外保温系统的施工质量非常关键。一定要加强对现场工人的上岗培训和外墙外保温的专项培训，不仅使他们掌握各种施工工艺，练就一手好手艺，而且要让他们理解这项工程的意义。设计和监理人员同样需要培训，使他们懂得外墙外保温体系的施工和质量监督要点，提高他们的责任心。曾经有一个工程由于锚栓用短了，改用正确锚栓长度后没有调整钻头长度，结果不仅将锚栓砸弯了，还将保温板砸烂了。施工得不到正确的指导和监督是造成外墙外保温系统质量问题的根本原因。

56. 不采暖楼梯间内隔墙是否应该做保温？

我国大量既有居住建筑存在楼门缺失、楼道窗户破损的问题，使采暖和不采暖楼梯间隔墙几乎和外墙一样暴露在大气之下，不仅造成采暖热量大量流失，而且还出现结露霉变。在这种情况下，我国设计标准对"分隔采暖与非采暖空间的隔墙"提出了传热系数限值。其实，如果我们对外围护结构进行了完好的保温，楼梯间采用了节能窗和自闭式保温门，屋面上人孔做好了密封性好的保温罩，由住户散发到楼梯间的热量被捂在了楼梯间，一定时间后形成稳定的温度梯度，散热问题是可以得到解决的。

对于既有建筑节能改造，不采暖楼梯间隔墙更不应该进行保温施工。因为这样做不仅挤占了本来就非常狭窄的消防通道，而且一旦失火产生的毒烟会造成致命伤害。楼梯间里装满了电表和各种线路，保温施工难度极大，而且造价非常高。许多曾经做过的聚苯颗粒砂浆保温，由于搬家磕碰，千疮百孔，没有效果。所以，各地一定要以科学的精神，研究外墙外保温的整体功能，下力气做好完整的外墙外保温系统，而不要纠缠于头痛医头、脚痛医脚的偏方。

（二）外门窗改造

57. 既有建筑外门窗为什么要进行改造？

建筑物的外门窗是与室外空气直接接触的围护结构中保温隔热最薄弱的部位，通过外窗的传热损失和空气渗透热损失约占建筑物全部热损失的 50%，对采暖能耗和居住舒适性影响很大。因此，我国北方采暖地区建筑节能设计标准对窗墙比、外窗传热系数和气密性都作出了明确规定。

由于受当时经济和技术条件的限制，我国既有居住建筑大多采用单玻钢窗和单玻木窗，保温隔热性能差，冷空气容易渗入，远远达不到建筑节能和居住舒适性的要求，必须进行节能改造。

国内有些节能改造工程，仅做了外墙保温，而不更换节能门窗，这样做等于在一件高级羽绒衣上开了一个大洞，达不到保暖的效果。有的地方只改透明围护结构部分，也就是只改门窗，而不做外墙保温，这样做也是不完全的，而且会使热桥转移到外墙，严重的还会影响建筑物承重结构的安全。正确的做法是不仅应该更换节能门窗，而且应该做好完整的外墙外保温。

58. 如何选用节能窗？

应该从保温和气密性、使用功能和美学角度合理选择节能门窗。保温和气密性必须符合当地节能标准，这是首要条件。与此同时，也应该考虑居民使用方便，还要使建筑物改造后比原来更美。

一些地方在节能改造时，为了图省事，在原来的窗户外面又加了一樘窗；许多地方采用大固定扇小开扇的做法，保温性能可能得到了改善，但是居民擦窗户非常麻烦，使用起来很不方便。更有个别地方在原来的窗外面用角铁支起一片外飘窗，既不安全，也严重影响建筑物的美观。

根据多年的节能改造实践并参照国外的成功经验，建议在综合考虑上述三个性能的基础上，合理选择节能门窗。推荐使用中空双玻或三玻内平开窗，选用四腔或五腔窗框型材。内平开窗至少应该有两道橡胶密封。根据窗洞口尺寸，建议选择双扇可开启的窗。推荐使用内平开带上悬的窗，这种窗平时可以开在上悬位置，既通风，又不会扫雨，也不会碰头，还有防盗功能，擦玻璃窗也非常方便安全。从经济性角度考虑，两扇窗中，一扇采用内平开，一扇采用内平开带上悬。在有条件的地方，可以考虑选用带一层 Low-E 的中空节能窗。不推荐使用推拉窗，推拉窗由于结构原因，气密性、隔声和防尘性能远远不如内平开窗。内平开窗的锁点也很重要，每扇窗至少应该有两个锁点，而且必须吃上劲，才能真正起到保温、隔声和防尘的效果。所以，窗户安装完毕后一定要调试，锁窗时把手一定要吃上劲。有一个办公楼采用了非常高级的德国原产铝合金内平开窗，结果冬天老是吹哨子渗风，晚上加班又冷又害怕，原因就是锁点没有调好。简单一调整问题全解决了。调试好的内平开窗隔声、防尘，在沙尘暴天气下，可以做到家中一尘不染；外边放鞭炮，也不影响休息。

另外，要注意选择采用带铝合金隔条的中空玻璃，铝合金隔条内带吸潮剂，防止玻璃受潮起雾。不推荐使用橡胶条热压成型的中空玻璃，因为橡胶条非常容易变形，不仅影响美观，而且没有吸潮功能。

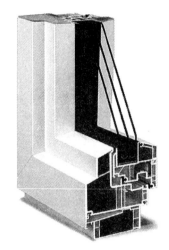

图 24　高性能节能窗

59. 什么是中空玻璃?

中空玻璃是由两片（或两片以上）平行的玻璃板粘合而成的玻璃组件。两片玻璃板间通过间隔条（其中充满专用干燥剂—高效分子筛吸附剂）形成一个具有一定宽度的干燥气体空间，并使用高强度弹性密封胶沿着玻璃的四周边部进行密封。

目前，我国采用的建筑外窗中空玻璃空气间层厚度多为 9～16mm，其热阻远大于单层玻璃的热阻。因此，中空玻璃的保温性能远优于单层玻璃，还具有不易结露、结霜、隔声性能优良等特点。中空玻璃构造见下图:

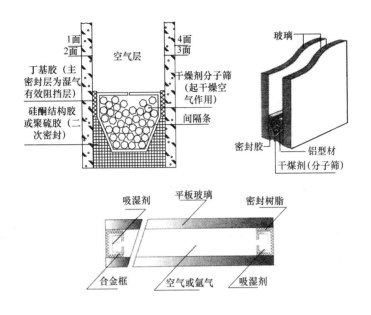

图 25　中空玻璃示意

中空玻璃空气间层的宽度与热阻的大小有着直接的关系。在玻璃材质、密封构造相同的情况下，空气间层越宽，其热阻也随之增大，其对应的玻璃传热系数 K 值就越小。但是，当空气间层宽度增加到一定程度后，将导致气体在两片玻璃之间温差的作用下产生对流，此时反而不会增加热阻。如下图所示，当空气间层宽度为 0～10mm 区间时，其热阻值随宽度增加基本呈线性变化，而当宽度为 10～30mm 区间时，其热阻值的增加变得很平缓，宽度大于 30mm 后，其热阻值几乎不变。因此，从最佳性价比考虑，通常情况下，中空玻璃的空气间层宽度往往会采用 12mm。若想进一步提高中空玻璃的保温性能，则可以通过增加玻璃和空气间层的数量来实现。显然，两个 9mm 厚的空气间层相加的热阻，要比一个 18mm 厚的空气层热阻大得多。

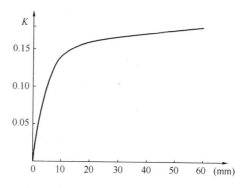

图 26　中空玻璃空气间层的宽度与热阻
的大小的关系

　　根据玻璃品种和构造的不同，中空玻璃可分为普通中空玻璃、Low-E 中空玻璃、张膜双中空玻璃（PET 玻璃）和真空加中空玻璃等多个品种。

　　Low-E 玻璃又称低辐射玻璃，是玻璃表面镀上多层金属或其他化合物，因其所镀膜层具有极低的表面辐射率而得名。Low-E 玻璃因其镀膜层具有对可见光高透过和对中远红外线高反射的特性，与普通浮法玻璃及传统的建筑用镀膜玻璃相比，具有优异的保温效果和良好的透光性。采用 Low-E 玻璃合片制作的 Low-E 中空玻璃，其传热系数明显低于普通中空玻璃，因此，采用 Low-E 中空玻璃制造建筑门窗，可大幅度降低从室内向室外的热量传递，节能效果显著；同时，由于 Low-E 中空玻璃内表面温度相对较高，也提高了人体的热舒适度。Low-E 中空玻璃性能优越，在美国及欧洲国家得到了广泛应用，在我国也得到了推广应用。

60. 为什么优先选用中空玻璃窗？

　　建筑外窗由窗框、窗扇（一个或多个）、玻璃以及五金配件组成。受窗框型材、断面设计、玻璃的选用以及框玻比等因素的影响，建筑外窗的保温性能差别较大。玻璃面积在外窗面积中所占比例较大（65%～75%），因此，玻璃的保温性能对外窗的传热量的影响非常大。根据选用玻璃的不同，建筑外窗目前主要有单层玻璃窗、中空玻璃窗、中空加真空玻璃窗和双层玻璃窗之分。中空玻璃窗的保温性能比单层玻璃窗要好很多。目前，我国民用建筑中采用的外窗中空玻璃多为6mm玻璃＋9～12mm空气间层＋6mm玻璃，仅空气间层的热阻就相当于6mm厚单层玻璃热阻的数十倍。

从节能角度出发，将外窗玻璃由单层玻璃改为中空或双中空（或真空加中空）玻璃，外窗的保温性能会明显提高。实测数据表明，单层玻璃窗保温性能最差，其传热系数多为 $5.5W/(m^2 \cdot K)$ 以上，即使是保温性能好的PVC塑料单玻窗也高达 $4.8 W/(m^2 \cdot K)$；采用中空玻璃的外窗传热系数较小，一般情况下，PVC塑料、铝合金断热和玻璃钢中空玻璃窗传热系数值分别为 $2.2～3.0W/(m^2 \cdot K)$、$2.8～3.3 W/(m^2 \cdot K)$ 和 $2.2～3.0 W/(m^2 \cdot K)$ 之间。外窗传热系数小，有利于降低建筑温差的传热能耗，同时，外窗传热系数越小，冬季窗玻璃内表面温度就越高，室内的热舒适度也会提高。此外，中空玻璃窗的空气声隔声量为30dB以上，隔声效果十分明显，可为居住者提供一个舒适、宁静的室内空间，远离室外噪声的干扰。

61. 如何正确安装外窗？

我国居住建筑外窗一般安装在窗洞口的中间部位，也就是墙中位置安装，窗洞口保温始终是一个薄弱环节。有些地方外墙贴8cm保温板，窗洞口只贴2cm保温板，洞口热桥效应非常明显。有些开发商还为窗洞口结露霉变投诉而苦恼。

在唐山节能改造示范工程中，首次引入了德国的外窗安装方法，捅破了这层窗户纸，解决了长期困扰我们设计人员的难题。德国的做法是将外窗框与基层外墙外表面平齐安装或者贴在外墙外面安装，保温板从外墙一直覆盖到并压住一半窗框。保温板和窗框之间用膨胀密封条密封，并用耐候性硅胶密封。窗框与墙体之间的结构缝用聚氨酯发泡胶填满，并用铝箔或塑料薄膜密封防止蒸汽渗透。窗框用把脚固定到洞口内侧墙体上。这种安装方法要求窗框至少有 7cm 以上的宽度。窗户供应商在现场测量时，一定要注意测量窗户实际安装位置的尺寸，有些建筑洞口呈喇叭状，如果测量了洞口居中位置，以后安装结构缝会太大，把脚也不牢固。

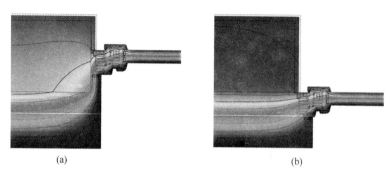

(a)　　　　　　　　　　　　　　　　　(b)

图 27　外窗居中和平齐安装热量散失对比
（a）居中安装；（b）在墙外侧安装

外窗框与基层外墙外表面平齐安装时，一定要用两米靠尺对角靠住外墙，窗框贴住靠尺固定。这样才能保证保温板贴住窗框。采用这一方法，可以明显减少施工难度，改善保温效果。如果不按上述要求施工，遇到墙体不平整时，窗框与保温板的缝隙过大，影响施工质量和保温效果。

62. 怎样正确选择和使用楼宇门？

在前面讲到了不推荐进行楼梯间保温，其条件是需要选用性能良好的楼宇门。它必须是带对讲功能的自闭式保温楼宇门，应确保其具有良好的保温和气密性。闭门器质量一定要过关，否则楼梯间被吹凉了，靠门的住户还有结露霉变的苦恼。

楼宇门上一定要设置亮窗，否则楼梯间内一片漆黑，要么需要照明，要么有人会把门用砖头蟹住，否则会影响出行安全。许多地方不注意这一点，或者认为亮窗会造成热桥，采用了黑门，不仅浪费照明用电，而且群众非常不满意。

严寒地区建议增加风斗，减少进出大门时过度进风。

节能改造后一定要实行热计量收费，并通过宣传改变居民使用习惯。尤其是在原来没有楼宇门的建筑物上安装了节能楼宇门后，他们为了出行方便尤其是自行车进出，会用砖蹩住大门。有的节能改造示范项目花了两三年时间才把这种习惯改过来，其中热计量收费起了很大作用。

（三）屋 面 改 造

63. 既有居住建筑屋面为什么要进行节能改造？

建成年代较早的既有居住建筑，屋面设计更多考虑的是防水问题，虽然采用焦渣、珍珠岩、加气混凝土等保温材料，有一定的保温隔热作用，但其厚度并没有经过严格的热工计算确定。加上经过多年使用，很多屋面焦渣层含水率很高，几乎失去了保温作用。像唐山河北小区的建筑，对屋面焦渣层取样分析含水率高于30％，一捏一把水。顶层住户冬冷夏热。而且这些增加的水分荷载对于屋面也构成安全危险。

因此，在既有居住建筑节能改造中，一定要把屋面作为外围护结构不可忽视的组成部分进行认真的节能改造。

64. 既有居住建筑屋面应如何进行节能改造？

对屋面进行节能改造前一定要仔细核算屋面的承荷载能力，设计单位一定要上屋面认真调查屋面现状，如排水组织情况、各类排气口现状、屋面搭建物情况。在调查的基础上制定切实可行的改造方案。

当原屋面防水层已破损、渗漏，保温层已浸水、失效时，应彻底清除原有保温层及防水层，按照新的标准要求重新制作隔汽层、保温层和防水层。在翻新屋面时，一定要注意不能将原有焦渣集中堆放在屋面，防止对屋面荷重造成威胁。翻新屋面要注意天气预报，尽量避开雨天，并做好防雨预案。

当屋面防水层完好，且使用年限不长时，在复核屋面承载能力（有的做配重试验，有一定的风险）和防水效果没有问题的情况下，可直接在防水层上加铺保温层，通常可采用吸水率低的挤塑聚苯板，做倒置屋面。有的项目改造时为保险起见，在保温层上再做一层防水。

对于屋面防雷设施、天线、烟道、暖沟等附属设施应进行专项节点设计。

对于伸出屋面的管道要作特殊处理，如防水应直接做到管道至屋面高度（即高出屋面）250mm 处，防水材料收头宜采用金属盖板加箍，并箍紧，同时用密封材料密封。对于伸出屋面管道周围的找坡层应做成圆锥台状。屋面变形缝的处理可将屋面保温层延续做到变形缝顶部，在变形缝内填充保温材料（棒状、条状），在其上部填放衬垫材料，并用防水卷材或增强材料涂刷防水涂料做好防水。顶部应加扣混凝土盖板或金属盖板予以保护。

在屋面改造时最好统一安排太阳能热水器。如果无法实现，则应设计并预留安装热水器的基础。檐口应设计加强措施并设置明显标志，防止屋面吊装热水器等物品时损坏檐口保温。

65. 如何做好女儿墙和上人孔的保温防水改造？

对女儿墙外侧墙体的保温一般都很重视，但对其内侧和顶部容易忽视。如果这些部位不采取保温处理，极易引起因热桥通路变短而产生返霜、结露。正确的做法是屋面女儿墙的上部、内侧应全部包裹在保温层里，这样有利于保护主体结构，减少因温度变化引起的应力破坏，避免女儿墙墙体产生裂缝。女儿墙上口推荐安装金属盖板以抵御外力撞击，同时提高耐候性保护。金属板向内倾斜，两侧向下延伸至少 15cm，并有滴水鹰嘴，防止返水。与屋面夹角应做缓形斜坡，防止应力集中引起开裂。屋面雨水口一定要布置在最低位置，防止积水。

　　屋面上人孔如果密封不严，就会产生拔风效应，造成大量通风热损失。一定要安装保温密封罩，最好是液压支撑的轻质保温罩。

图 28　女儿墙顶部用金属盖板保护

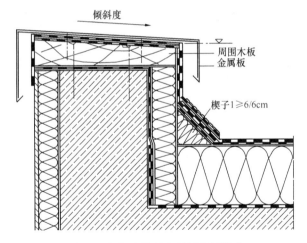

图 29　女儿墙保温和顶部盖板做法

供热与采暖系统改造

66. 我国北方地区供热与采暖系统存在哪些主要问题?

我国北方地区既有居住建筑采用的集中供热系统,大多是在计划经济时期投资建设的,带有福利性、包烧制。系统技术落后,不能满足市场经济条件下按需供热、计量收费和节能减排的需要。存在以下主要问题:

(1) 供热管道、阀门腐蚀严重,跑冒滴漏现象时有发生,造成系统热损失和补水损失很大。

(2) 管道保温脱落、损毁严重,造成热水管道热损失严重,热用户供水温度偏低。

(3) 很多供热管网在停运期不能够实现湿保养,造成供热管道内部氧化、锈蚀严重,不仅使供热管道使用寿命降低,而且极易造成系统堵塞。

(4) 采暖系统由于定压不当、补水未经过脱气处理、排气阀失效等原因,造成管网内始终存在空气,严重影响了换热效果,并加剧了系统的腐蚀。

(5) 大部分供热管网存在严重的水力失调问题,近端用户流量过大,末端用户流量偏低,造成冷热不均、供热效果差的后果。

(6) 循环水泵选型不合理,系统运行在大流量、小温差状态、效率低、能耗高。

(7) 锅炉、热交换设备效率低,能耗大,锅炉房或换热站未安装热计量和气候补偿设备,运行管理水平较低,不能做到按需供热,造成能量的大量浪费。

(8) 用户端未安装供热计量装置,散热器未安装恒温控制阀，不能有效调节和控制室内温度。在发生过热时，用户只有开窗，客观上造成了能源的大量浪费。

67. 供热与采暖系统节能改造的意义和目标是什么？

对供热与采暖系统进行节能改造的意义重大，主要是：

（1）可以极大地改善现有的供热品质，提高室内热环境质量。

（2）可以有效降低采暖能耗，提高能源使用效率，并促进居民行为节能。

（3）为供热计量收费的实施打下基础，并起到积极的促进作用。

对供热与采暖系统的节能改造要实现如下目标：

（1）要实现热用户的室内温度可调、可控，杜绝用户过热开窗，节约能源，提高舒适性。

（2）要提高管网的输送效率，消除跑冒滴漏，减少管道热损失。

（3）对各用户供水量合理进行分配，消除有些用户流量过大，有些用户流量过小的水力失调现象，以提高供热品质。

（4）要提高锅炉和换热设备的效率，提高管理水平。

（5）实现供热计量，做到按需供热，减少浪费。

68. 供热与采暖系统节能改造主要包括哪些方面？

供热与采暖系统主要由热源（锅炉或热交换站）、室外管网及室内采暖系统三部分构成。对供热与采暖系统的节能改造也主要围绕这三个部分进行：

（1）热源（锅炉或热交换站）的改造：主要内容包括对低效能热交换设备和水泵的改造、系统定压设备的改造、脱气除污设备的改造，增设热计量和气候补偿装置，做到供热可计量、科学供热、高效供热。同时，在热交换站增设必要的监测、监控设备，以实现自动化运行。

（2）室外供热管网的改造：主要包括管网水力平衡、管道保温和热力入口仪表设施的改造。

（3）建筑物内采暖系统的改造：包括对散热器温控、热计量和系统水力平衡的改造。

图30　垂直双管系统，散热器配自动温控阀和热分配表

通过以上几个方面的改造，实现室内采暖系统温度可控、用热可计量；室外管网高效输配、供热管网实现水力平衡；锅炉（换热站）高效、按需供热，杜绝浪费。

69. 热源节能改造有哪些具体措施？

热源改造的目的是提高锅炉（或换热设备）的效率，减少污染。

对于城市集中供热小区而言，热交换站是主要的热源，对于热交换站的改造主要包括以下几个方面：

（1）淘汰效率低下的换热设备，更换为较高效率的板式换热设备。

目前，仍然有很多热交换站内采用换热效率差、体积庞大的管壳式换热器，在资金允许的前提下，都应逐步更新为板式换热器。不仅可以提高换热效率，减少换热损失，还可以减少换热设备所占用的面积。

（2）淘汰选型不合理、效率低下的循环水泵，更换为高效的水泵，以减少能源的浪费。

在某些项目循环水泵的选择上，由于未进行详细的计算，流量和扬程考虑的富余量过大，造成所选择的水泵扬程和流量比实际需要大很多，水泵在运行时甚至会出现运行电流超过其额定电流的情况，不仅能耗大，严重时会使电机烧坏。

根据调查，目前的供热系统中存在着严重的大流量、小温差的运行状态。严寒期供回水温差一般只有12～3K，最高时也超不过15K；距离20～25K的设计温差相差很多。形成的原因一方面是由于普遍存在的水力失调现象，运行人员为了满足末端流量的要求，不得已开大泵、多开泵，客观上造成了大流量、小温差状态的存在。另一方面，是由于出水温度过低，无法形成较大的换热温差。

由于水泵选型不合理及管网水力失调的原因，水泵的工作状态点严重偏离其高效工作点，造成效率低下。

(3) 在换热站安装热计量装置，对系统的供热量进行计量。做到按需供热，心中有数。同时，增设必要的监测、监控设备，对系统的运行温度、压力、流量、供热量等主要参数进行监测与监控，以实现自动化运行，提高运行的经济性。

(4) 在换热站安装气候补偿装置，根据室外温度的变化改变供水温度，以节约能源。

(5) 在换热站内增设真空脱气设备，对补水及采暖系统中的空气进行脱除，以延缓系统的腐蚀，提高系统的使用寿命。

(6) 在换热站内更换高效的除污设备，以减少换热设备（或锅炉）及系统中其他设备产生堵塞的风险。

(7) 检查供热系统定压装置的设置及定压方式是否合理、工作是否有效，如存在问题，宜进行改进，有条件的应尽量采用全自动定压及补水设备，以保证整个采暖系统不出现倒空和失压的危险。

(8) 对于末端采用自动温控阀的变流量系统，为了有效节能，将原有一次泵定流量系统改造成为二次泵变流量系统，以节约输配功耗。

70. 室外管网和热力入口的改造包括哪些方面？

室外管网和热力入口的改造包括以下几个方面：

（1）管网水力平衡改造：供热管网的水力平衡改造应该按照正确的技术路线进行，首先需要对现有供热管网进行详细的水力计算；在水力计算的基础上，对不合理的管道进行调整，同时合理选择水力平衡方案和设备；水力平衡改造实施后，要对管网进行全面的水力平衡调试，使每个建筑入口的流量达到其设计流量（流量误差±10%）。

（2）热力入口仪表设备的更新：要按照节能改造设计的要求，将热力入口设备配置齐全，包括热量表、平衡阀、供回水温度计及压力表、过滤器等。及时增加或更换缺失或工作不正常的仪表、设备，保证温度、压力、流量、供热量等运行参数的准确传递，以优化运行管理，逐步推广和应用楼宇换热站。

（3）管道及保温的更新与改造：更换腐蚀严重、有爆裂危险的管道和阀门，减少泄漏损失。更换性能不好的保温材料，减小散热损失。

（4）停暖后，应采取湿保养，避免管道腐蚀。

71. 为什么要实现管网水力平衡？如何实现？

对于具有一定规模的供热系统而言，供热管网的水力失调、冷热不均是一个普遍性的、十分严重的问题。所谓水力失调（或者说冷热输配不均），也就是老百姓经常能体会到的楼与楼，乃至户与户之间供热效果不同甚至相差甚大的问题，有的用户家里冬季室温可达到 24℃ 以上，而有的用户室内温度仅有 12～13℃ 的水平。这种现象的出现，除了个别用户的使用习惯不同，如开窗通风的频率等，最主要的原因是由供热管网输配水力失调所造成的，也就是说靠近锅炉房（或换热站）的用户流量偏大，造成室温容易偏高，远离锅炉房（或换热站）的用户（末端用户）流量远远小于设计值，室温远远达不到要求。

供暖系统存在的水力失调不仅造成供暖用户的冷热不均、热舒适性变差，而且会造成系统运行能耗的大幅度上升。通常情况下，运行管理人员为了改善末端用户室温偏低的状况，会增加循环水泵或者锅炉运行台数。客观上会加剧近端用户的过热状况，造成他们开窗降温，从而造成热量的大量浪费。根据测算，采暖平均温度每提高1℃，供热系统就要多浪费6%～11%的能源。

因此，在供暖系统中，水力平衡一方面可以使所有用户都获得舒适的室内温度，而且可以从根本上杜绝由于水力失调造成的能源浪费。与水力失调的系统相比，一个水力平衡的系统大约可以降低15%～20%的能耗。

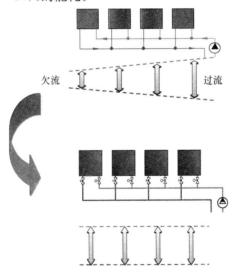

图31 平衡的系统

水力平衡需要通过以下四个步骤来实现：

（1）首先选用相关计算软件对整个系统进行水力计算，确定水力平衡方案、平衡阀的安装位置、型号及口径和每个平衡阀的开度。

（2）根据计算结果选购合理的平衡设备。

（3）按照设计及使用要求对整个水力系统进行平衡调试，使每一个安装平衡阀的用户流量偏差控制在±10％以内。

（4）将调试报告提交给物业或用户。

72. 既有居住建筑室内采暖系统节能改造主要采取哪些措施?

室内采暖系统的改造主要包括以下方面：

（1）对室内采暖系统进行温度控制的改造

① 散热器加装温控装置

对于传统的单管顺流式采暖系统，建议改为单管跨越式系统，在三通处安装三通散热器恒温阀。具备条件的也可改造为垂直双管式系统，在每组散热器进水管安装两通自动恒温阀。

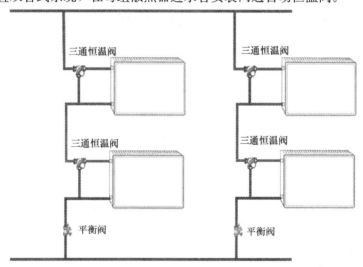

图 32　采用三通恒温阀的单管跨越式系统

② 地板辐射采暖系统加装室温控制装置

近年来，地板辐射采暖系统在一些城市所占的比例已经达到了 90％。由于片面追求降低造价，大部分地板辐射采暖系统未实现室内温度控制，存在过热现象，造成能源的极大浪费。

地板辐射采暖系统改造时，可在分水器进水总管上加装热电

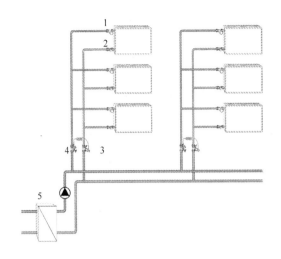

图 33　垂直双管系统

1. 散热器恒温阀；2. 回水锁闭阀；3. 压差平衡阀；4. 静态平衡阀；5. 换热设备

阀，室内适宜位置（一般为客厅）安装温度控制器，在室内温度达到需要时关断热电阀，切断供热，避免过热。

资金允许时，还可以采取混水或分室温控的方式。

（2）室内采暖系统的热计量改造

室内采用散热器采暖的系统宜优先采用热分配表的方式进行热计量。

对采用地板辐射采暖系统进行采暖的室内系统宜采用热量表进行计量。

（3）对室内采暖系统水力平衡的改造

室内采暖系统也要实现水力平衡，以避免出现各用户之间的温度失衡。

对于改造后采用垂直双管或单管跨越式的室内系统，要在各立管上加装平衡阀，以保证各立管之间的平衡。

对于改造后采用水平分环的采暖系统，要在各环路安装平衡阀，以保证各环路之间的平衡。

对于采用地板辐射采暖的室内采暖系统，由于采用温度控制后系统是变流量系统，因此对地板采暖系统的水力平衡解决方案要采用压差控制的方案，以消除各回路之间的动态互扰。

73. 恒温控制阀的工作原理是什么？如何正确安装散热器恒温控制阀？

散热器恒温控制阀（简称温控阀）是一种能够对室内温度进行自动感应并且自动进行室温调节和控制的节能型产品。它由恒温阀阀体和恒温阀阀头两部分组成，阀体上有水流向箭头，安装时按正确方向安装即可。阀头与阀体间通过 M30X1.5 的螺纹相连。

阀头内部有充满感温介质（通常为液态工质）的恒温器，恒温器可以及时感应室内的温度。当房间得热较多，产生室内温度升高的趋势时，恒温器内的液态工质受热膨胀，驱动恒温头内的波纹管使其推动阀杆下降，使阀门开度减小或关闭，减小对散热器的供水量，使对房间的供热量减少，达到对室内温度控制和节能的目的。当房间得热减少，室内温度降低时，恒温器中的液态

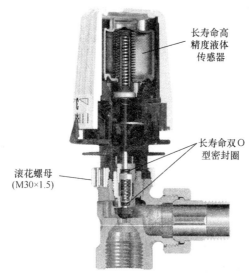

长寿命高
精度液体
传感器

长寿命双O
型密封圈

滚花螺母
(M30×1.5)

图 34   自动温控阀结构图

74

工质收缩，波纹管收缩，阀杆上移，使阀门开大，提高对散热器的供水量，使对房间的供热量增加，使室内温度上升。通过在每一组散热器上安装恒温阀，可以自动感应室内温度并对供给散热器的供热量进行控制，达到室内恒温的效果。

图35　恒温头周围的空气流通没有受到阻碍

图36　通过远程传感器可以毫无妨碍地读取室内空气温度

在安装阀头时要特别注意：对于带内置传感器的恒温头不能

用窗帘、散热器罩或者其他障碍物覆盖，不能竖直安装。特别是恒温头不能安装在狭小的暖气罩中，否则恒温头感受到的温度就不是室内的真实温度，而是暖气罩中局部空间的温度，它通常比正常的室温高。此时的散热器恒温阀无法准确地控制室内温度。

对于有暖气罩或有遮挡的情况，需要安装带有远程传感器或远程设定型阀头的产品。

74. 为什么要拆除暖气罩、更换散热器？

既有建筑中所选用和安装的散热器一般外观都比较差，很多居民出于美观的考虑，用暖气罩将散热器包起来，散热量大大降低，严重影响供暖效果。研究表明，散热器加装暖气罩后，对其散热量的影响最多可达30%左右。

有暖气罩的散热器，温控阀和热分配表无法感应真实的室内温度，为此需要采用远传传感器，增加施工难度和造价。因此，应该给住户讲明道理，在改造时将暖气罩拆除。

既有建筑中安装的铸铁散热器、钢串片散热器及其他一些形式的散热器，往往存在金属耗量大、散热效果差等问题。有些经过长年使用，腐蚀严重，随时有爆裂的危险。而且大部分老式散热器设计很不美观，影响室内观瞻，在经济条件允许的情况下应考虑更换。可以考虑选用美观大方、散热效果好的钢柱式或板式等新型散热器。

供热计量与收费

75. 我国对供热计量改革有哪些政策规定和要求？

我国北方地区冬季供热采暖能耗大大高于同等气候条件下的发达国家水平，浪费严重，必须大力开展建筑节能工作，节能的重要措施之一就是供热计量收费。我国的《节约能源法》和《民用建筑节能条例》明确规定必须实行供热计量收费。2006年以来，住房和城乡建设部把建筑节能列为重点工作之一，供热计量改革也逐步进入实施推广阶段，连续出台了"《建设部关于落实<国务院关于印发节能减排综合性工作方案的通知>的实施方案》的通知"等8个文件。2010年出台的《关于进一步推进供热计量改革工作的意见》中更是提出了以下目标和规定：

（1）具体的工作目标：对以下建筑取消传统的以面积计价收费方式，实行热计量收费：一是2010年及以后北方采暖地区新竣工的建筑及完成供热计量改造的既有居住建筑；二是2010～2012年既有大型公共建筑全部完成供热计量改造并按计量收费；三是"十二五"期间北方采暖地区地级以上城市达到节能50%强制性标准的既有居住建筑基本完成供热计量改造并按计量收费。

（2）推行供热计量改革的强制性的规定。要求政府将供热计量改革工作纳入领导干部综合考评体系：建设行政主管部门主要领导是供热计量改革第一责任人；要建立供热计量目标责任制和问责制；将供热计量改革目标完成情况作为对建设行政主管部门负责人、供热单位负责人业绩考核内容。住房和城乡建设部将把供热计量改革工作情况纳入全国建设领域节能减排专项检查的重点，检查结果抄报各省级政府和组织人事部门。

既有居住建筑供热计量收费面积占集中供热总面积的比例低于25％的城市，不得申报中国人居环境奖、国家园林城市、可再生能源示范城市等。对已获中国人居环境奖、国家园林城市称号、可再生能源示范城市的应限期达标，住房城乡建设部将进行督办。凡是不按照法律法规和标准的规定安装用热计量装置、室内温度调控装置和供热系统调控装置的民用建筑工程项目，不得受理其参加"鲁班奖"等奖项的评选。

76. 为什么要实行供热计量收费？

计划经济时代采暖作为社会福利，按住房面积收取采暖费，供热企业与热用户没有形成互动，造成能源浪费。实行供热体制改革，按实际用热收取费用，可以将用热与经济利益挂钩，促进用户行为节能，促进供热企业进行技术改造，提高管理和服务水平，从总体上实现节能减排的目的。

77. 为什么要实行换热站、楼栋入口、住户三级热计量？

供热系统的能耗由热源或热力站、二次网和热用户端的能耗所组成。为了考核和计量各部分的能耗，需要分段安装热计量装置。

（1）在小区锅炉房或换热站出口处设置热计量装置，计量其供出的总热量，考核这一级供热单位供热质量、能源效率，是实现这一级供热节能的主要措施之一；根据小区锅炉房或换热站和楼栋的计量差额，检验二次管网的输送效率。

（2）建筑物热计量是在建筑物热力入口处或在建筑物总供热管道上设置热计量装置，计量建筑物的总用热量，作为建筑物热量结算和建筑物内各用户分摊热费的依据。

（3）分户热计量是在各个热用户端设置分户热计量装置，计量各个热用户的用热量，实现分户热计量收费，促使热用户不再开窗放热，而是按需用热。

78. 分户供热计量的方法有哪些?

《供热计量技术规程》（JGJ 173—2009）在分户热计量一节中指出，用户热量分摊计量的方法主要有散热器热分配计法、流量温度法、通断时间面积法和户用热量表法。

分户热计量方法中散热器热分配计法及户用热量表法，在国内外应用时间较长，应用面积较多，相关的产品标准已出台，人们对其方法的优缺点认识也较清。其他两种方法在国内都有项目应用，也经过了原建设部组织的技术鉴定，相关的产品标准尚未出台，有待于进一步扩大应用规模，总结经验。需要指出的是，每种方法都有其特点，有自己的适用范围和应用条件，工程应用中要因地制宜、综合考虑。

79. 两部制热价是怎么回事?

国家发改委于 2007 年发布的《城市供热价格管理暂行办法》规定，向终端用户销售热力的价格实行两部制热价，即反映固定成本的基本热价（单位是元/m^2）和反映变动成本的计量热价（单位是元/kWh 或元/GJ）。

基本热价主要考虑了热网设备的固定投资和折旧、人员费用。这部分费用是保障供热需要的固定费用，与供热量没有直接关系。

计量热价主要包括供热企业的运行费用，如燃料费、电费和水费，以及检修维护费用等。这部分费用与供热量有直接的正比关系。

住房和城乡建设部 2010 年出台的文件要求各地出台的供热价格政策要有利于鼓励和促进按用热量计价收费。为调动用户行为节能的积极性，可将两部制热价中按面积收取的基本热价比例暂按 30% 执行。

80. 如何进行分户热计量收费?

进行热计量收费，首先要有一个两部制的热计量销售价格。

其次，热计量收费的方式取决于各住宅小区的热计量方式。

（1）采用户用热量表的小区，每户的热费分为基本热费和计量热费。基本热费等于每户住房的面积乘以基本热价，计量热费等于每户户用热量表的热耗数量乘以计量热价。例如，假设某城市政府规定的基本热价为 6 元/m^2，计量热价为 0.14 元/kWh，某用户的住房面积为 100m^2，户用热量表记录的采暖季消耗的热量是 5000kWh。那么该用户需要交纳的热费为：基本热费为 100×6＝600 元，计量热费为 5000×0.14＝700 元，合计为 1300元。如果该市热计量改革前的面积热价为 20 元/m^2，那么不按热计量收费的话，该用户要交的热费为 2000 元；可见，按热计量收费后该用户节省了 700 元热费，占原面积热费的 35％。

（2）采用热分配表、通断时间面积法、流量温度法等计量方式的小区，每户的热费也分为基本热费和计量热费。基本热费等于每户住房的面积乘以基本热价；计量热费的计算是采用分摊法，即先用楼栋热量表的热耗数量乘以计量热价得出楼栋总热费，再用楼内各户的户用热计量装置的"热耗"总数量除以楼栋总热费得出每户的"分摊热价"，最后用每户的户用热计量装置的"热耗"数乘以"分摊热价"后得出每户的计量热费。例如，假设某城市政府规定的基本热价为 6 元/m^2，计量热价为 0.14元/kWh，楼栋热量表的热耗数量是 50000kWh，楼内各户的热计量装置的总"热耗"数量是 50000 个"单位"，某用户的住房面积为 100m^2，该户户用热计量装置表记录的采暖季的"热耗"数量是 5000 个"单位"。计算该户的热费分为三步：

第一步，先计算出该楼栋的"分摊热价"。该楼栋的计量热费总数为：50000×0.14＝7000 元，该楼栋的"分摊热价"为：7000/50000＝0.14 元/"单位"。

第二步，用户需要交纳的基本热费为 100×6＝600 元。

第三步，该户需要交纳的计量热费为 5000×0.14＝700 元。

最后，该户的总热费合计为 1300 元。

如果该市热计量改革前的面积热价为 20 元/m^2，那么不按热计量收费的话，该用户要交的热费为 2000 元；可见，按热计量收费后该用户节省了 700 元热费，占原面积热费的 35％。在这里，楼栋"分摊热价"需要由供热公司或能源服务公司根据楼栋热量表的热耗数以及楼内各户的分户热计量装置的热耗总数计算出来。

新 风 系 统

81. 为什么要采用住宅新风系统?

众所周知,人体必须每时每刻吸入氧气,呼出二氧化碳,以维持生命,保持健康。没有水和食物人可以存活 7 天,没有氧气人仅能存活 5 分钟。德国对不同住宅面积设置了通风量标准,可供参考。

德国对不同住宅面积设置的通风量标准   表 2

使用面积（m^2）	≤30	50	70	90	110	130	150	170	190	210
防湿气但节能效果好的通风量（m^3）	15	20	30	35	40	45	50	55	60	65
防湿气但节能效果差的通风量（m^3）	20	30	40	45	55	60	70	75	80	85
保护通风（m^3）	40	55	65	80	95	105	120	130	140	150
额定通风（m^3）	55	75	95	115	135	155	170	185	200	215
强烈通风（m^3）	70	100	125	150	175	200	220	245	265	285

如果人体长时间不能吸入足够的氧气,就会处于亚健康呼吸状态,导致人体缺氧,出现身体乏力、疲劳、困倦、精神不集中等现象。德国对两所学校进行了比较,有新风系统学校学生的成绩比没有新风系统的高 20%。从医学上来说,每人每小时需要呼吸 5m^3 的新鲜空气。

如果人生活在空气不流通的环境里,还会受到其他污染物的危害,比如从室内装饰材料和家具等挥发的有害物质,如甲醛、苯等;厨房里的油烟和饭菜味道,以及浴室卫生间的异味等。在空气不流通的居室里,人体排出的水分和洗浴、洗涤、烹饪所产生的水汽无法排出，也会引起房屋霉变，影响居住条件。

节能改造后外围护结构气密性明显提高，加上实行供热计量收费后居民舍不得开窗通风，在这种情况下，就需要配置有控制的机械通风装置，让室外新鲜空气进入到室内，不断置换出室内的污浊空气，保持室内空气清新干净，使节能建筑成为真正意义上的生态建筑。

82. 什么是住宅新风系统？

住宅新风系统是生态居住建筑的一个重要系统。它具备以下功能：

（1）按照生态住宅的换气量标准，定量通风；

（2）呼吸式通风方式，即每天 24h，每年 365 天连续通风换气；

（3）每个房间分别直接得到室外新风，无交叉路径，无二次污染。

住宅新风系统，可以连续适量地为住宅通风，如同住宅本身不断呼吸一样，为居住者始终提供一个相对良好的，充满新鲜空气的健康呼吸环境。所谓适量，就是通过对住宅通风器的控制（通常分为三档，以满足不同居住情况下，如无人，或人多、吸烟、睡眠等，对通风量的不同需求），来减少由于通风过量所导致的冬季室内热量的流失。

83. 安装住宅新风系统需要具备哪些条件？

既有居住建筑节能改造安装新风系统需要满足以下条件：

（1）透明围护结构必须具有很好的气密性，如果是推拉窗透风严重，则新风系统无法正常工作；

（2）外墙可以开最小 $\phi60$ 的圆孔，以便安装外墙进风口；

（3）卫浴室的通风竖井应该通畅。如果是明卫，则可以直接从卫生间外墙钻孔接管排风。

84. 住宅新风系统有哪些类型和特点？

住宅新风系统主要分为正压和负压两大类型：

正压新风系统：由新风机将室外新风以高于室内气压的形式吹入室内。其产品形式有：

（1）壁挂式新风机：进排气口组合在一台机器里，系统简单，安装方便，但对居室有噪声影响，通风量不太理想。

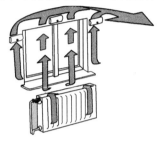

（2）中央新风系统：每个房间必须布置风道，系统复杂，改造难度大，耗电量多，在温差大的地区会有热交换体结露现象。其优点是可以实现热回收功能。

负压新风系统：在卫浴室安装排风机，利用负压通过各房间外墙上的进风口将新风吸入室内。其产品形式有：

图37　正压新风系统

（1）无风道单向流进出风，有降噪、隔尘、自平衡、风压保护功能。通常由一台排风机和数个进风口组成一个系统。如果浴室卫生间和房间数量较多，可以增加排风机，满足对换风量的要求。这种系统对流性好，系统简单，安装使用方便，特别适合既有居住建筑节能改造。

（2）有风道单向流进出风，每个房间有专门的排风管，废气被汇集到排风机箱后，经一个排风口排出。对于大户型家庭，可以减少风机数量，但系统比较复杂，风道会传递噪声，清洗安装不便。

以上两种新风系统都有其相应的优缺点，适合于不同档次和标准的住宅。但就既有居住建筑节能改造来说，无风道负压新风系统具有安装简便、性价比高、使用便宜、通风可靠等优点，是最佳的选择。

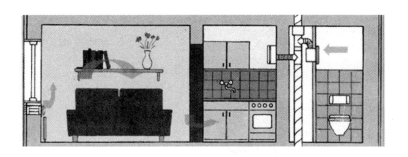

图 38　负压新风系统

85. 安装和使用住宅新风系统应注意哪些问题？

在节能改造的建筑物中安装和使用新风系统需注意以下几点：

（1）在节能改造整体设计和预算阶段就应该考虑新风系统。

特别是外墙进风口安装位置的统一规划，对改造后外立面的整洁美观有重要的意义。

图 39　外墙上的新风口

（2）住宅新风系统的设计原则是：

每个卫浴间安装 1 台新风机（吊顶式安装、三档风量控制、自动变频增压、带回风止回阀和尘土过滤膜）；每个房间的外墙，在散热器的上方（或靠近）位置安装 1~2 套圆形外墙进风口（带开关、风压保护功能和尘土过滤膜），共有两种规格，直径 6cm 和直径 10cm。

图 40　直径 10cm 圆形进风口　图 41　负压新风机

图 42　直径 6cm
圆形进风口

（3）住宅新风系统的安装：

① 新风机安装在卫浴间的吊顶上。因为是改造工程，可以走明线（用线盒固定），连接一个三联开关，以控制新风机的排风量。如果是明卫，则直接将风排向室外；如果是暗卫，则需检查通风竖井是否畅通。

图 43　新风机安装示意图

② 进风口的安装必须与外墙保温施工同步进行。用直径 10cm（或 6cm）的水钻，在外墙上钻孔，然后安装进风口。

图 44　安装进风口

图 45　进风口效果图

③ 在日常的使用中，通常只需清洗或更换新风机和进风口的过滤膜即可。由于过滤膜的作用，可保持室内清洁，提高生活的健康和舒适水平。

可 再 生 能 源

86. 哪些可再生能源在建筑中应用比较广泛?

　　可再生能源包括风能、太阳能、水能、生物质能、地热能、海洋能等非化石能源,其中与建筑用能联系紧密、应用广泛的主要是地热能和太阳能。目前,利用地热能的技术主要有地源热泵供热制冷技术;利用太阳能的技术主要有太阳能光热利用、太阳能光伏利用。可再生能源在建筑中的应用方式分类如下图所示:

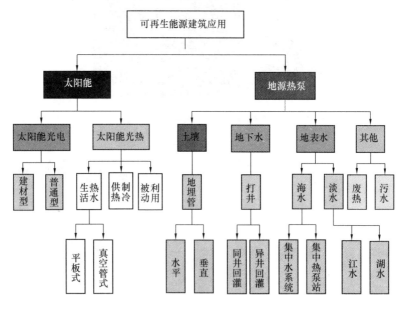

图 46　可再生能源在建筑中的应用方式

　　地源热泵系统根据地热交换系统形式的不同,可分为地埋管地源热泵系统、地下水地源热泵系统及地表水地源热泵系统,其冷热源形式主要包括地下水、江河湖海水、岩石和土壤、城市污水和工业污水。根据循环水是否为密闭系统，地源热泵系统又可分为闭环和开环系统。

太阳能光热利用技术包括太阳能热水系统、太阳能供热采暖系统、太阳能制冷系统以及太阳能被动利用技术；太阳能光伏发电技术主要用于建筑照明和电气设备，按照与建筑一体化的结合程度可分为建材型（如光伏瓦、光伏砖、光伏卷材、光伏幕墙等）和普通型。

可再生能源复合系统在实际工程中也越来越多地得到应用，如地源热泵与太阳能耦合技术，被动式技术与可再生能源利用结合（自然通风、自然采光）等，从而更好地解决建筑物内供热制冷、生活热水、照明及设备用电等的用能需求，有效地减少人们对化石能源的依赖，提高能源的利用效率。

87. 在节能改造中应用可再生能源应考虑哪些因素？

既有建筑节能改造中应用可再生能源，一方面需要针对当地气候条件和资源状况、建筑类型与用能负荷特性以及技术经济性，选择适宜的技术类型；另一方面应考虑到与建筑的融合，包括功能上与原有能源系统的匹配性和外观上与建筑结合的安全性和美观性。基于这些因素，确定适宜的技术路线，确保节能改造项目的经济效益。

（1）气候条件。不同的气候条件对采暖、空调、热水等的需求差异很大，应因地制宜地选用可再生能源。如在寒冷地区地下水资源丰富地区，对采用集中供热系统的建筑，改造时可选择地源热泵系统作为补充，以获得较好的节能效果，如同时需考虑夏季供冷，在冬夏季冷热负荷基本平衡的条件下，可直接采用地源热泵系统供暖和供冷；在夏热冬冷地区，可以考虑利用地下水、地表水等可再生能源，解决夏季供冷和冬季短期采暖需求，提高室内舒适度。

（2）资源状况。当地可利用的资源状况是可再生能源技术应用的重要保证，务必充分论证。对地源热泵系统，地下换热方式的选择主要取决于水文地质结构、岩土体热物性等，还应考虑到对水资源的合理利用，防止污染和浪费；对太阳能的利用，主要取决于所处地区的太阳能资源状况，以使系统具有较高的太阳能保证率。对于太阳能资源丰富地区，可优先考虑利用太阳能提供生活热水；对于城市郊区，无法利用市政热网进行供热的项目，在条件具备的前提下，可优先考虑利用浅层地能、污水源、废水余热等可再生能源。

（3）建筑类型和负荷特性。建筑类型不同，其负荷变化的时间性和规律性也不同，如商业、办公建筑白天用电需求较大，可以考虑利用太阳能光伏发电系统提供部分电力；住宅和学校、医院等公共建筑，具有稳定的热水需求，可以考虑太阳能热利用。

（4）技术经济性。可再生能源的应用与其他常规能源相比，初投资较高，改造前应进行充分的经济性分析，以全年为周期的动态负荷计算为基础，以建筑规模和功能适宜采用的常规空调的冷热源方式和当地能源价格为计算依据。

（5）应与原有能源系统相匹配。对既有建筑进行改造时，需首先对原有能源系统进行分析，充分考虑其设备运行状况、能源利用效率等因素，可将可再生能源系统作为原有系统的补充，构成复合式系统实现高效运行。或在条件允许的情况下直接采用可再生能源系统进行替代，以实现高能效、低能耗的节能改造目的。

（6）与原有建筑结合的安全性和美观性。主要是指太阳能热水系统或光伏系统与建筑结合时，必须进行建筑结构安全、建筑电气安全等方面的复核和检验，确保安装部位的承载、保温、隔热、防水及防护的要求；在外观上应与建筑和谐统一，使其成为建筑的有机组成部分。

总之，既有建筑节能改造中应用可再生能源应结合以上因素综合考虑，切忌盲目改造，应对实施改造的能源系统进行技术经济分析，在降低经济成本的基础上实现节能受益的最大化。

88. 如何确定可再生能源的常规能源替代量?

可再生能源建筑应用具有较明显的替代常规能源的效果,但是不同的系统其性能差别很大,如太阳能热水系统,我们只知伸手即是热水,殊不知这其中太阳能贡献了多少,因此需要以一个综合的指标评判可再生能源建筑应用的水平。根据可再生能源建筑应用的方式不同,分别采用太阳能保证率、光电转化效率和热泵系统能效比 COP 等指标来计算太阳能光热利用系统、太阳能光电系统和地源热泵系统的综合性能,来确定常规能源替代量。基于地域不同,所处的气候条件与资源状况不同,则同种可再生能源利用系统的综合效率不同,其常规能源替代量也有所不同。

(1) 太阳能保证率。在太阳能热利用中,系统保证率是指太阳能集热系统得热量与系统需要的总能量的比值,见下式所示:

$$f = \frac{Q_c}{Q_T} \tag{1}$$

式中　f——系统太阳能保证率;

Q_c——太阳能集热系统得热量（MJ）;

Q_T——系统需要的总能量（MJ）。

系统需要的总能量 Q_T 用式 (2) 计算:

$$Q_T = Q_c + Q_{fz} \tag{2}$$

Q_{fz}——辅助热源加热量（MJ）。

与传统的燃煤锅炉相比,太阳能热利用中常规能源替代量 Q_{bm}（吨标准煤）为:

$$Q_{bm} = \frac{Q_c}{29307.6 \times 68\%} \tag{3}$$

(2) 光电系统效率。并网光伏发电系统的总效率由光伏阵列的效率、逆变器效率、交流并网等三部分组成。则可用式 (4) 计算:

$$\eta = \eta_1 \cdot \eta_2 \cdot \eta_3 \tag{4}$$

式中　η_1——光伏阵列效率。光伏阵列在 $1000W/m^2$ 太阳辐射强

度下，实际的直流输出功率与标称功率之比。光伏
阵列在能量转换过程中的损失包括：组件的匹配损
失、表面尘埃遮挡损失、不可利用的太阳辐射损
失、温度影响、最大功率点跟踪精度及直流线路损
失等。

η_2——逆变器转换效率。逆变器输出的交流电功率与直流
输入功率之比。

η_3——交流并网效率。从逆变器输出至电网的传输效率。

则全年常规能源替代量 Q_{bm}（吨标准煤）为：

$$Q_{bm} = \frac{WA_c\eta}{29307.6} \tag{5}$$

式中 A_c——太阳能电池板面积（m^2）；

W——当地全年的太阳能辐射量（MJ/m^2）。

（3）热泵系统能效比。在浅层地能应用中，热泵系统的能效
比是综合评价系统运行好坏的重要指标。系统能效比是指地源热
泵系统的制冷/制热量与系统输入功率之比，系统输入功率主要
是指热泵机组以及与热泵系统相关的所有水泵的输入功率之和
（不包括用户末端设备）。见下式所示：

$$COP = \frac{Q_{SL} + Q_{SH}}{N_i + \Sigma N_j} \tag{6}$$

式中 Q_{SL}——系统总制冷量（kWh）；

Q_{SH}——系统总制热量（kWh）；

N_i——系统热泵机组所消耗的电量（kWh）；

N_j——系统水泵所消耗的电量（kWh）。

计算热泵系统的常规能源替代量，应确定基准线，将热泵系
统年耗能量和基准线转换为一次能源（标准煤）进行比较。基准
线可通过两种方法确定：①通过监测原有建筑的能耗水平确定；
②通过调查类似建筑的用能情况或以当地建筑传统能源形式的能
耗水平作为基准线进行计算。

质 量 保 证

89. 节能改造工程质量管理有哪些基本规定？

（1）节能改造工程的施工单位和监理单位应具备相应的资质，施工现场应有质量管理体系、施工质量控制和检验制度，具有相应的施工技术标准。

（2）建设单位和施工单位不得擅自修改节能改造设计文件，若发现问题，应与设计单位洽商，在实施前办理设计变更手续。设计变更不得降低建筑节能效果。当设计变更涉及建筑节能效果时，应经原施工图设计审查机构审查，并获得监理或建设单位的确认。

（3）节能改造工程施工前，施工单位应编制"施工组织设计"和"专项施工方案"，并经监理或建设单位审查批准；应对施工作业人员进行技术交底和必要的实际操作培训。

（4）节能改造工程采用的新技术、新设备、新材料、新工艺，应按照有关规定进行评审、鉴定及备案。施工前应对新的或首次采用的施工工艺进行评估，并制订专门的施工技术方案和质量验收办法。

（5）节能改造工程的质量检测，应由具备资质的检测机构承担。

90. 如何加强节能改造施工质量过程控制？

为了确保节能改造工程的施工质量和节能效果，必须加强施工质量过程控制。具体地说，就是把施工过程划大为小，划分为若干个分项工程；再划分为检验批，细分到各道工序，分别进行质量控制和验收；用工序检验批质量来保证分项工程质量，用分项工程质量来保证整个节能改造工程的质量。如果施工过程中某一道工序发生了问题，在工序检验批质量检查时就会被发现，就要查找原因、采取整改措施，及时纠正问题，并预防问题的再发生，这样就把问题消灭在萌芽状态，使施工全过程的质量始终处于控制之中。归结起来，就是把过去的"事后质量检验"改为现代的"过程质量控制"，具体的控制方法是：

（1）采用的材料和产品应具备质量证明文件，符合设计要求和相关标准的规定，进行进场验收；凡涉及安全和使用功能的还应按规定作进场复验，复验应为见证取样送检，并应经监理工程师或建设单位技术负责人检查认可。

（2）各分项改造工程划分为若干检验批，检验批的质量按主控项目和一般项目验收。分项工程各工序应按施工技术标准进行质量控制，每道工序完成后，应进行检查，工序之间应进行交接检查，并形成检验记录。隐蔽工程在隐蔽前应由施工单位通知有关单位进行验收，并应形成验收文件。

91. 改造工程的监理要点有哪些？

节能改造工程利国利民、意义重大，与新建工程相比，又有一定的特殊性和难度。因此，参加节能改造工程的监理单位要协同建设单位，认真履行施工质量监督的职责，为确保节能改造工程的质量作出努力。节能改造工程的监理要点是：

（1）应监督施工单位不得擅自修改节能改造设计文件。当需要进行设计变更并涉及建筑节能效果时，应经原施工图设计审查机构审查，并获得监理或建设单位的确认。

（2）应对施工单位编制的"施工组织设计"和"专项施工方案"认真审查批准，并监督其切实贯彻实施。

（3）应把好材料第一关，认真监督材料进场验收工作，参加重要材料的见证取样复验，在施工工程中还要继续关注材料质量问题。

（4）应对施工全过程进行质量监督，参加并组织"检验批一分项工程—单位工程"的质量验收工作。特别要重视检验批的质量检查和验收，对重要工序和隐蔽工程（如：基层处理、粘贴聚苯板等）要实行"旁站监理"。

92. 什么是材料进场验收，包括哪些工作？

材料的质量是工程施工质量的基础。把好材料质量关，是节能保温工程施工质量过程控制的起点和重点，应予充分重视。

我国《建筑节能工程施工质量验收规范》GB 50411—2007明确指出："工程使用的材料、设备等，必须符合设计要求及国家有关标准的规定。材料和设备进入施工现场时，应进行进场验收。""进场验收"是指：对进入施工现场的材料、产品等进行外观质量检查和规格、型号、技术参数及质量证明文件核查并形成相应验收记录的活动。

"进场验收"包括以下工作：

（1）应对材料和产品的品种、规格、包装、外观和尺寸等进行检查验收，并应经监理工程师（建设单位代表）确认，形成相应的验收记录。

（2）应对材料和设备的质量证明文件进行核查，并应经监理工程师（建设单位代表）确认，纳入工程技术档案。进入施工现场用于节能工程的材料和设备均应具有出厂合格证、中文说明书及相关性能检测报告；定型产品和成套技术应有型式检验报告，进口材料和设备应按规定进行出入境商品检验。

（3）凡涉及安全和使用功能的材料和产品还应在施工现场抽样复验，复验合格后方可在施工中使用。复验应为"见证取样送检"，即施工单位在监理工程师或建设单位代表见证下，按照有关规定从施工现场随机抽取试样，送至有见证检测资质的检测机构进行检测的活动。

93. 外墙改造工程的主要材料有哪些复验项目？

根据《建筑节能工程施工质量验收规范》 （GB 50411—

2007）规定，墙体使用的保温材料、胶粘剂、网格布应进行复验，详见下表：

外墙保温系统复验项目　　　　　　　　　　　　表3

序号	材料名称	现场抽样数量	复验项目
1	保温材料	以同一厂家同一品种的产品，单位工程建筑面积在2万 m² 以下时，各抽取不少于3次；当单位工程建筑面积在 2 万 m² 以上时，抽查不少于6次	表观密度、抗拉强度或压缩强度、导热系数
2	胶粘剂	以同一厂家同一品种的产品，单位工程建筑面积在2万 m² 以下时，各抽取不少于3次；当单位工程建筑面积在 2 万 m² 以上时，抽查不少于6次	粘结强度
3	耐碱型玻纤网格布	以同一厂家同一品种的产品，单位工程建筑面积在2万 m² 以下时，各抽取不少于3次；当单位工程建筑面积在 2 万 m² 以上时，抽查不少于6次	力学性能、抗腐蚀性能

94. 什么是检验批，怎样进行检验批验收？

检验批是质量检查的基本单元，是质量验收的基础。我国《建筑工程施工质量验收统一标准》GB 50300—2001 对"检验"和"检验批"给出的定义是：

"检验"：对检验项目的性能进行量测、检查、试验等，并将结果与标准规定要求进行比较，以确定每项性能是否合格所进行的活动。

"检验批"：按同一的生产条件或按规定的方式汇总起来供试验用的、由一定数量样本组成的检验体。

对工程施工而言，检验批可用于同一施工工艺条件下的每道工序施工质量的检查与验收，检验的数量由相关的质量验收标准作出规定，如：外墙外保温工程，每 500～1000m² 的墙面划分为一个检验批；屋面改造工程，每 100m² 的屋面划分为一个检验批。检验批可根据施工及质量控制和专业验收需要按楼层、施工段、变形缝等进行划分，如：10000m² 的外保温墙面可划分为 10 个检验批；500m² 的屋面可划分 5 个检验批。每道施工工序的质量检验都以划定的检验批为基本单元来进行，并形成质量检查记录和质量验收文件；施工工序按其重要性又划分为主控项目和一般项目进行质量检查和验收。

一个分项工程可划分为若干个检验批。分项工程所含检验批的质量验收资料完整、每道施工工序的检验批质量都符合设计要求和相关标准的规定，也就是常说的"质量合格"，方可确定分项工程施工质量合格，通过质量验收。

95. 各分项工程施工中有哪些隐蔽工程项目？

有些施工工序如：外墙基层处理、保温板粘贴等，在进行下一道工序时将被覆盖，这就是常说的"隐蔽工程"。"隐蔽工程"在隐蔽前应由施工单位通知有关单位进行质量检验，检验以检验批为单位分批进行，应有文字记录和必要的图像资料，检验合格后方可进行下一道工序。各分项工程的隐蔽工程项目是：

1）墙体改造工程：

（1）保温层附着的基层及其表面处理；

（2）保温板粘结或固定；

（3）锚固件安装；

（4）增强网铺设；

（5）墙体热桥部位处理；

（6）预置保温板或预制保温墙板的板缝及构造节点；

（7）现场喷涂或浇注有机类保温材料的界面；

（8）被封闭的保温材料厚度。

2）外门窗改造工程：

应对门窗框与墙体接缝处的保温填充做法做质量检查验收。

3）屋面改造工程：

(1) 拆除原有屋面或保留原有屋面的基层表面状况。

(2) 保温层的敷设方式、厚度；保温板材缝隙填充质量。

(3) 屋面热桥部位处理。

(4) 隔汽层。

96. 节能改造工程应按怎样的程序进行质量验收？

节能改造工程施工质量验收，应在施工单位自行检查评定的基础上，由建设单位、监理单位组织相关单位按照检验批、分项工程、单位工程的顺序进行，参加施工质量验收的各方人员应具备规定的资格。

1) 检验批质量合格应符合下列规定：

(1) 主控项目的质量全部合格。

(2) 一般项目的质量合格；当采用计数检验时，至少应有90％以上的检查点合格，且其余检查点不得有严重缺陷。

(3) 具有完整的施工操作依据和质量检验记录。

2) 分项工程质量验收合格应符合下列规定：

(1) 分项工程所含的检验批质量均合格。

(2) 分项工程所含的检验批的质量验收记录完整。

3) 单位节能改造工程施工质量验收时，施工单位应提供下列文件和记录：

(1) 节能改造设计文件和设计变更文件。

(2) 节能改造工程所用的材料和产品的合格证、出厂检验报告，部分材料和产品的进场复验报告。

(3) 检验批质量验收记录，分项工程质量验收记录。

(4) 外墙、外窗和供热采暖系统节能改造的现场检验报告。

(5) 供热采暖系统试运转和调试记录。

(6) 工程质量问题的处理方案和验收记录。

(7) 其他必要的文件和记录。

4) 节能改造工程施工质量验收合格，应符合下列规定：

(1) 各分项工程的质量均应验收合格。

（2）质量控制资料应完整。

（3）采暖系统节能性能检测结果应合格。

5）当参加验收各方对工程施工质量验收意见不一致时，可报请当地建设行政主管部门协调处理。

6）节能改造工程施工质量验收合格后，应将所有的验收文件归入单位工程技术档案。

7）节能改造工程施工质量不合格，不得进行验收，不得交付使用。

97. 如何加强对施工和监理人员培训？

既有居住建筑节能改造工作已在我国迅速展开，取得了明显的节能减排效果，积累了很多经验，但也存在不少问题。一些节能改造工程的施工质量不尽如人意就是一个重要问题，而施工和监理人员对节能改造工程的重要性、特殊性认识不足，对工程材料把关不严，对施工工艺掌握不好，对施工质量过程控制不严，对施工细部做法重视不够，则是造成工程质量问题的主要原因。因此，必须加强对施工和监理人员的培训，培训的重点是：

（1）宣传节能改造工作"利国利民"的重大意义，阐述节能改造工程的特殊性和施工特点，努力提高施工和监理人员的使命感与责任性，认真制订和贯彻落实"施工组织设计"和"专项施工方案"，切实把节能改造工程质量搞上去。

（2）学习掌握节能新材料、新工艺，不光要学理论，而且要开展岗位练兵，如：上墙进行外保温施工实际操作；学习掌握节能施工技术标准和质量验收方法，了解每一道工序怎么施工、怎么验收，积极推行专业化施工。

（3）材料的质量是工程质量的基础。要学习掌握质量验收标准对材料进场检查和复验的要求，严格把好材料第一关。外保温材料应由可靠的系统供应商配套供应，不得"分散采购"，方能确保外保温系统整体性能和工程质量。对涉及安全和使用功能的材料和产品，如：聚苯板、胶粘剂、抹面胶浆、玻纤网格布、散热器、节能窗等，都要按照质量验收标准的规定进行见证取样复验。

（4）检验批是实施施工质量过程控制的基本单元。一定要重视检验批，抓好检验批，坚持每一批都按施工标准操作，按质量标准验收，形成验收记录；绝不允许虚搞形式走过场，不按检验批检查和验收。若在检查中发现问题，要认真整改，绝不放过，并制订措施，防止问题再发生。特别要抓好第一个检验批，树立质量样板，使后面施工的每一个检验批都能达到质量标准。必要时和条件许可时，应请居民代表参加质量检查和验收，施工质量整改结果也应通知居民代表或涉及的居民住户。

（5）细部不细是节能改造工程，特别是外保温工程的质量通病，会影响节能效果和使用寿命，应高度重视，在施工和监理中认真防治。要结合工程实际情况，制订重要节点防水和保温的施工方案，做好檐口、女儿墙、窗口四周、封闭阳台以及出挑构件等热桥部位的保温处理，做好穿墙管线保温密封处理。

98. 节能改造施工现场应该做好哪些主要消防安全工作？

建立施工现场消防安全由施工总承包单位负责制，分包商应向总承包单位负责，承担法律、法规规定的消防责任与义务，消防相关责任落实到人；施工单位应编制消防应急预案；明确划分施工区和非施工区；施工作业前，要向作业人员进行消防安全技术交底，并进行消防安全教育；施工区消防安全工作要有专人值守；对居民住户进行消防宣传教育，施工前积极清理干净楼道和窗护栏外堆积的杂物特别是可燃物品，告知居民现场消防设施使用方法，疏散通道；保温材料的防火等级应满足设计要求，现场存放应避免火灾隐患，存放地点应远离可燃物及火源并配有足够的消防灭火设备；动火作业前，要办理动火许可证，严格执行动火审批制度；避免外保温工程施工与有明火的工序交叉作业；按照技术标准要求及时覆盖已上墙的保温材料；组织消防安全检查等。

99. 节能改造施工防火预案通常包括哪些内容?

外墙外保温施工工程防火预案应包括火灾的预防和处理,通常包括以下内容。

(1) 明确组织机构、人员分工、职责及联系电话

项目部应在施工现场成立消防应急准备及响应领导小组,由项目负责人担任组长,下设联络、协调、消防设备管理等分组,联络组负责与当地消防、安全监察等部门及时沟通,向公司相关负责人上报事故发展动态;协调组负责及时协调现场抢救等各方面的工作,积极组织救护和现场保护;消防设备管理组负责定期检查消防器材,及时提供所需消防器材等急救设备。领导小组还应明确人员负责消防应急准备及响应方案的监督检查;指派专人负责培训现场人员并组织演练,使之熟悉可能引起火灾的危险情况及控制措施,掌握必要的救护、疏散逃生知识等;各班组长负责实施应急准备和响应措施。施工作业开始前,施工管理人员要向作业人员进行消防安全技术交底,包括施工过程中可能会发生火灾的部位或环节、防火措施及应配备的消防设施、逃生方法及线路等。

(2) 火灾事故处理

火灾事故发生后,应按有关程序立即进行报告,采取最有效的措施,防止事故扩大,减少生命财产损失。起火初期组织现场人员自救;自救能力达不到时,在组织自救的同时,应立即拨打"119"报警。报警人员要报清起火地点、联系电话、着火材料、着火部位等情况,并派人到路边等候,引导消防车及时到达火灾地点;切断电源,抢救、疏散人员后,再抢救贵重物资和可能发生爆炸及有毒有害物品;组织人员对火场进行警戒,保护火场秩序;如遇到火势有蔓延的危险,要阻断其火路,保护相连建筑物,避免火灾扩大;救护车到达后,将受伤人员及时送医院救治;对抢救出的物资放置在安全地点加以保

护,组织好灭火用水及器材的供应和人员支援;火灾抢救完成后,全面细致地检查火灾现场,防止余火复燃,必要时安排人员监视、保护现场,配合消防部门调查处理;尽快恢复消防设施,使其处于备用状态,对已使用的消防器材进行检修、更换。